U0233139

中等职业教育土木水利类专业"互联网+"数字化创新教材
中等职业教育"十四五"系列教材

BIM 建筑模型的创建和应用

陈若山　主编
曾思颖　副主编

中国建筑工业出版社

图书在版编目（CIP）数据

BIM建筑模型的创建和应用/陈若山主编. —北京：中国建筑工业出版社，2020.7（2025.2重印）

中等职业教育土木水利类专业"互联网＋"数字化创新教材　中等职业教育"十四五"系列教材

ISBN 978-7-112-25075-2

Ⅰ.①B… Ⅱ.①陈… Ⅲ.①模型（建筑）-制作-计算机辅助设计-应用软件-中等专业学校-教材　Ⅳ.①TU205-39

中国版本图书馆CIP数据核字（2020）第074859号

全书分为七个教学单元，主要内容包括：BIM基础，Revit基本操作，建筑模型的创建流程，族的概念和应用，建筑模型创建与编辑，建筑施工图出图，体量的概念和应用。

本书提供丰富的学习资源，包括创建模型使用的建筑施工图集和示范教学视频，读者可通过扫描对应的二维码观看技能点操作视频，每个单元都设有相应的思考及练习，并提供参考答案，各单元参考答案及源文件、结果文件请发邮件至 litianhong@cabp.com.cn 索取。

本书适合中职院校土建类专业相关课程采用。

责任编辑：李天虹　李　阳
责任校对：党　蕾

中等职业教育土木水利类专业"互联网＋"数字化创新教材
中等职业教育"十四五"系列教材
BIM建筑模型的创建和应用
陈若山　主编
曾思颖　副主编

*

中国建筑工业出版社出版、发行（北京海淀三里河路9号）
各地新华书店、建筑书店经销
北京鸿文瀚海文化传媒有限公司制版
建工社（河北）印刷有限公司印刷

*

开本：787×1092毫米　1/16　印张：16¾　字数：415千字
2020年8月第一版　2025年2月第七次印刷
定价：**49.00**元（赠课件）
ISBN 978-7-112-25075-2
（35807）

前　言

　　BIM 是应用于工程项目全过程的一种数据化管理工具和技术手段。随着其在实际中越来越广泛和深入的应用，中职教育也纷纷增设相应的课程内容。本书从中职学生的学习特点和岗位定位需求出发，以熟悉 Revit 软件的操作为前提，在正确理解建筑构造的基础上，学习 BIM 建筑模型的创建和工程图样的正向出图。在编写时以够用为度、实用为准，具有较强的可操作性，充分体现了中职教育的技能型人才培养模式。

　　本书采用项目教学做一体化的设计，使学生掌握 BIM 制图标准、建筑构造和施工图表达、建筑信息模型的应用。全书分为七个教学单元，主要内容如下：

　　教学单元 1　BIM 基础，主要介绍 BIM 技术的发展、特点和在建设全过程中的应用。

　　教学单元 2　Revit 基本操作，主要介绍 Revit 工作界面和基本功能，学习视图的控制方式和图元基本工具的使用。

　　教学单元 3　建筑模型的创建流程，以单层小住宅模型的创建为例，学习 BIM 建筑模型的基本创建流程。

　　教学单元 4　族的概念和应用，学习族的创建方法和在模型项目中的使用。

　　教学单元 5　建筑模型创建与编辑，以学生公寓模型的创建为例，学习建筑构造在BIM 模型中的具体表达。

　　教学单元 6　建筑施工图出图，学习 BIM 建筑模型的正向出图，包括建筑施工图的绘制、模型的渲染和漫游。

　　教学单元 7　体量的概念和应用，学习体量的创建方法和在建筑建模中的使用。

　　本书提供丰富的学习资源，包括创建模型使用的建筑施工图集和示范教学视频，读者可通过扫描对应的二维码观看技能点操作视频，每个单元都设有相应的思考及练习，并提供参考答案。

　　本书由广州市建筑工程职业学校的 BIM 教学团队编写，陈若山主编，曾思颖副主编，何罗平、刘慧娟、梁令枝、许灵钰、费腾参编。陈若山编写教学单元 1，何罗平编写教学单元 2，刘慧娟编写教学单元 3，梁令枝编写教学单元 4，许灵钰编写教学单元 5，费腾编写教学单元 6，曾思颖编写教学单元 7。

　　由于编者水平有限，在编写过程中难免有各种疏漏或错误，恳请同行和读者批评指正，谢谢！

目　录

教学单元 1 BIM 基础

【教学目标】

1.知识目标
了解 BIM 的发展；
理解 BIM 技术的特点和在建设工程全过程中的应用；
掌握 Revit 软件的特点和在 BIM 中的使用。
2.能力目标
培养 BIM 技术的工程思维能力。

【思维导图】

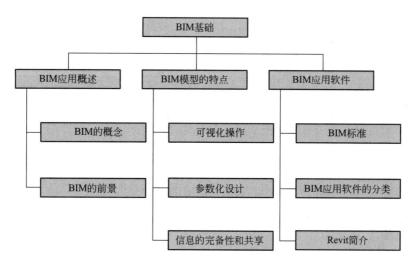

BIM 是一项应用于建设工程全生命周期的信息数字化技术，在设计管理、施工管理、运营维护管理等各个环节都有广泛的应用价值。

1.1 BIM 应用概述

1.1.1 BIM 的概念

建设项目由于投资大、周期长、参与方众多，信息得不到有效的沟通和管理，容易出现各种纰漏和差错，给工程带来一定的损失。随着新功能、新材料、新工艺的发展，再加上环保、低碳、建筑智能化等的要求，工程的复杂程度和技术要求越来越高，附加在工程

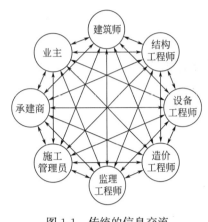

图 1-1　传统的信息交流

项目上的信息量也越来越大。如图 1-1 所示，传统的点对点沟通联络方式已经不能适应发展的需要。

随着计算机技术日臻完善，建筑图形学的研究和应用也取得巨大的进步，可以在计算机上建立一个虚拟的建筑。这个虚拟建筑上的每一个构件，其几何属性、物理属性、工程属性等都和真实建筑具有一一对应的关系。这样，在项目的整个设计和施工过程中都可以利用这个模型进行工程分析和科学管理，使各种错误降到最少，保证工期和工程质量，实现建设项目的高效、优质、低耗；甚至在运维阶段，也可以通过信息模型模拟分析，取得最优的运作模式，进行有效的服务，这就是 BIM 的应用。

BIM 的全称是 Building Information Modeling，即建筑信息模型，是在建设工程及设施全生命期内，对其物理和功能特性进行数字化表达，并依此设计、施工、运营的过程和结果的总称。根据当前工程的应用经验，BIM 的概念包括三个方面：

1. BIM 是可以作为实际工程项目及各种设施设备虚拟替代物的信息化模型，是共享信息的资源，即 BIM 模型。

2. BIM 是在开放标准和互用性基础之上建立、完善和利用信息化模型的行为过程，项目的有关各方可以根据各自职责对模型添加、提取、更新和修改信息，以支持项目的各种需求，即 BIM 建模。

3. BIM 是透明的、可重复、可核查、可持续的协同工作平台，通过这个平台，各参与方在项目全生命周期中都可以及时联络，共享、分析项目信息，使项目得到有效的管理，即 BIM 管理。

其中，BIM 模型是基础，提供了共享信息的资源；BIM 管理则是运作的保证，如果没有这样一个有效的平台，各参与方的通信联络以及各自对模型的维护、更新工作将得不到保证；而 BIM 建模是在项目全生命周期中不断应用信息、完善模型的行为过程。整个系统行为中，最核心的东西就是"信息"，正是这些信息将以上三部分有机地串联在一起，成为 BIM 的整体。如图 1-2 所示，如果没有信息的传递、叠加、使用，就没有 BIM。

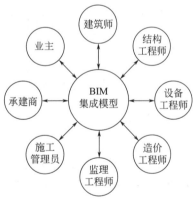

图 1-2　BIM 信息集成与共享

1.1.2　BIM 的前景

项目的整个生命周期分为四个阶段，即规划阶段、设计阶段、施工阶段、运营阶段，整个周期内 BIM 应用的地方有很多，具体如表 1-1 所示。这些应用，如模型维护贯穿项目的全周期；而有些应用，如可视化设计、施工进度模拟等则适合特定阶段的使用。

项目全周期中的 BIM 典型应用   表 1-1

BIM 典型应用	规划	设计	施工	运营
BIM 模型维护	●	●	●	●
场地分析	●	●		
建筑策划	●	●		
方案论证	●	●		
可视化设计		●		
协同设计		●		
性能化分析		●		
工程量统计		●	●	
管线综合		●	●	
施工进度模拟			●	
施工组织模拟			●	
数字化建造			●	
物料跟踪			●	
施工现场配合			●	
竣工模型交付			●	●
维护计划				●
资产管理				●
空间管理				●
建筑系统分析				●
灾害应急模拟				●

可以看到 BIM 有着广泛的应用范围，从纵向上可以跨越项目的整个生命周期，在横向上可以覆盖不同的专业、工种，使得不同的建设阶段、不同岗位的人员都可以应用 BIM 技术来开展工作。

当前建筑行业正在大力推广装配式建筑，在设计和施工中需要将结构体拆分成独立的构件，如预制梁、预制柱、预制楼板、预制墙体、预制楼梯等。应用 BIM 技术可以通过模型的导入，实现对构件的合理拆分、构件配筋的精细化和参数化、工程量的自动统计等，大大提高设计的效率；在施工阶段通过建立基于 BIM 的建筑信息管理平台，可以采集和管理工程的信息，动态掌握构件生产、运输、储存、使用的情况，以及现场的施工组织和进度，充分发挥预制装配建筑的优点。

BIM 的发展很快，其应用已经不局限于建筑工程项目，越来越多地应用在桥梁工程、水利工程、城市规划、市政工程、风景园林建设等多个方面。

同时，BIM 应用和地理信息系统（GIS）结合起来，成为 BIM 应用发展的新方向。原本 BIM 要定义的是建筑内部的信息，随着发展也需要一些建筑外部空间的信息以支持各种类型的应用分析，如结构设计中需要地质水文资料信息，建筑节能设计需要气象资料信息等。

随着智能建筑、智慧城市的发展，牵涉建筑、设备、构件的定位，BIM 与物联网的结合也越来越密切，除了在施工阶段可以应用物联网来管理预制构件外，更多的应用是在安装和运营阶段。BIM 的技术应用是智能建筑、智慧城市的基础，可以预见，BIM 的应用已不仅仅是建设行业的需求，更是社会发展的需求。

1.2　BIM 模型的特点

1.2.1　可视化操作

BIM 技术的一切操作都是在可视化的环境下完成的。在设计阶段建筑和构件都是以三维方式直观地呈现出来，如图 1-3 所示。设计师利用三维方式完成设计，方便业主理解和沟通。

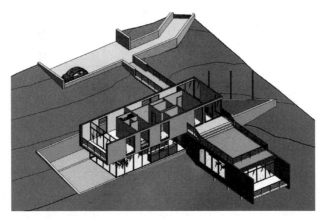

图 1-3　设计的可视化

同时，模型上附带的构件信息，包括几何信息、物理信息、关联信息、技术信息等，可以完整地模拟工程环境，如应力分析、温度变化、热量交换、施工组织等，将项目建设过程及各种相互关系动态地表现出来。如图 1-4 所示，正在进行日照分析。可视化的操作为项目团队进行分析、决策提供了方便，大大提高生产效率和工程质量，降低项目成本。

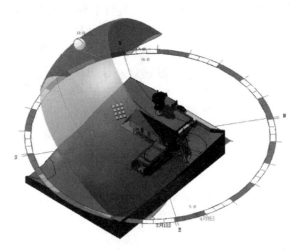

图 1-4　日照分析

1.2.2　参数化设计

参数化设计体现在两个方面：

一是 BIM 模型是以构件表达的，如表 1-2 所示，是建筑模型单元系统分类。在模型中，建筑构件的所有信息都是以参数的形式保存下来。设计人员根据建筑的工程关系和几何关系指定设计要求，建立约束关系，通过修改参数就可以创建各种构件，提高了模型的生成和修改速度。例如，门窗是开在墙体上的，移动墙体时，墙上的门窗会自动跟随移动；删除墙体时，墙上的门窗也会删除。

数字资源1-1

建筑模型单元系统分类　　　　　　　　　　　　　　　　　表 1-2

一级系统	二级系统
建筑外围护系统分类	墙体
	建筑柱
	结构柱
	幕墙
	外门
	外窗
	屋面
	装饰构件
	设备安装孔洞
其他建筑构件系统	楼面
	地面
	地下外围护墙体
	地下外围护柱
	地基
	基础
	楼梯
	内墙
	柱
	梁
	内门
	内窗
	室内装饰装修
	设备安装孔洞
	各类设备基础
	运输设备

二是信息的输入、修改是实时的，对任何信息做的更改，都可以在其他关联的地方反

映出来，实现了关联显示、智能交互。在参数化设计中，各种工程图纸和门窗表、构件表等图表都可以根据模型随时生成。这些图纸和图表相互关联，在任何视图中都可以对模型进行修改，同时在其他视图或图表上关联的地方都会反映出来，彻底消除了图纸不一致的现象。

1.2.3　信息的完备性和共享

BIM 模型是对工程项目的数字化表达，包含了项目的所有信息。除了对建筑的三维几何信息和空间关系进行描述，还包括完整的工程信息。如：对象名称、结构类型、建筑材料、工程性能等设计信息；施工工序、进度、成本、质量以及人力、机械、材料资源等施工信息；工程安全性能、材料耐久性能等维护信息；工程对象的逻辑关系等。例如，在《建筑信息模型设计交付标准》GB/T 51301—2018 中，BIM 的设计模型包括八个方面的信息分类，见表 1-3。

模型单元属性分类 表 1-3

属性分类	分类代号	属性组代号	常见属性组	宜包含的属性信息
项目信息	PJ	PJ-100	项目标识	项目名称、编号、简称等
		PJ-200	建设说明	地点、阶段、自然条件、建设依据、坐标、采用的坐标体系、高程基准等
		PJ-300	建筑类别或等级	建筑类别、等级、消防等级、防护等级等
		PJ-400	设计说明	各类设计说明
		PJ-500	技术经济指标	各类项目指标
		PJ-600	建设单位信息	名称、地址、联系方式等
		PJ-700	建设参与方信息	名称、地址、联系方式等
身份信息	ID	ID-100	基本描述	名称、编号、类型、功能说明
		ID-200	编码信息	编码、编码执行标准等
定位信息	LC	LC-100	项目内部定位	所属的地块、建筑、楼层空间名称及其编号、编码
		LC-200	坐标定位	可按照平面坐标系统或地理坐标系统或投影坐标系统分项描述
		LC-300	占位尺寸	长度、宽度、高、厚度、深度等
系统信息	ST	ST-100	系统分类	系统分类名称
		ST-200	关联关系	关联模型单元的名称、编号、编码以及关联关系类型
技术信息	TC	TC-100	构造尺寸	长度、宽度、高、厚度、深度等主要方向上特征
		TC-200	组件构成	主要组件名称、材质、尺寸等属性
		TC-300	设计参数	系统性能、产品设计性能
		TC-400	技术要求	材料要求、施工要求、安装要求等
生产信息	MF	MF-100	产品通用基础数据	应符合现行行业标准《建筑产品信息系统基础数据规范》JGJ/T 236 的规定
		MF-200	产品专用基础数据	应符合现行行业标准《建筑产品信息系统基础数据规范》JGJ/T 236 的规定

续表

属性分类	分类代号	属性组代号	常见属性组	宜包含的属性信息
资产信息	AM	AM-100	资产登记	—
		AM-200	资产管理	—
维护信息	FM	FM-100	巡检信息	—
		FM-200	维修信息	—
		FM-300	维护预测	—
		FM-400	备件备品	—

信息的完备性还体现在模型创建的过程中。模型中所有的信息采集或输入后,可以在整个项目的全生命周期中实现信息的共享、交换、传递,使 BIM 模型能够自动演化,避免信息的重复输入,避免出现信息不一致的错误。信息共享是 BIM 技术的核心价值。

在实际的应用中,由于项目所处的阶段不同、专业分工不同、实现目标不同等多种原因,项目的不同参与方有各自的模型,例如场地模型、建筑模型、结构模型、设备模型、施工模型、竣工模型等,这些模型是从属于项目总体模型的子模型,但其信息量要比项目的总体模型要小,相互也有重叠、关联的地方,在实际的应用中有利于不同目标的实现。

1.3　BIM 应用软件

1.3.1　BIM 标准

模型中的信息随着项目各个阶段的推进,不断在积累。这些信息由不同的参与方、不同专业的技术和管理人员采用不同的 BIM 应用软件进行处理,根据 BIM 理念,这些信息应该是共享的,可以被下游人员直接读取、使用,不需要重新录入的。例如,施工管理人员可以直接利用建筑设计模型,添加新的信息生成建筑施工模型。这些信息需要集成为一个有机的整体,以保证模型信息的完整性、一致性、连贯性。因此 BIM 行业应用软件和工程人员都要遵循有关的 BIM 标准,才可以有效地进行信息管理和信息共享。

2012 年 1 月,住房和城乡建设部组织制订了《2012 年工程建设标准规范制订修订计划》,标志着我国 BIM 标准制订工作的正式启动。目前已颁布执行的标准有:

《建筑信息模型应用统一标准》GB/T 51212—2016;

《建筑信息模型施工应用标准》GB/T 51235—2017;

《建筑信息模型设计交付标准》GB/T 51301—2018 等。

《建筑信息模型应用统一标准》GB/T 51212—2016 是国家 BIM 统一标准,主要包括以下的内容:

1. BIM 术语和缩略语

2. BIM 基本规定

3. 模型结构与扩展

4. 数据互用

5. 模型应用

在模型应用方面，《建筑信息模型应用统一标准》GB/T 51212—2016 强调：应根据各个阶段、各项任务的需要创建、使用和管理模型，并应根据建设工程的实际条件，选择合适的模型应用方式；模型创建和使用应利用前一阶段或前置任务的模型数据，同时也应交付给后续阶段或后置任务创建模型所需要的相关数据；模型的创建可采用集成方式，也可采用分散方式按专业或任务创建。可见，模型信息的传递和共享贯穿于项目全周期中。

其他执行标准在此基础上规范各应用模型的具体内容。除国家标准外，还有行业和地方根据自己的发展需求制订实施的行业标准、地方标准，如：

《建筑工程设计信息模型制图标准》JGJ/T 448—2018；

《广东省建筑信息模型应用统一标准》DBJ/T 15—142—2018 等。

这些标准源于国标，往往高于国标，更具有实用性和适应性。我们在使用中要注意各种标准的适用范围，认真执行才能提高 BIM 的应用效率和应用价值。

1.3.2 BIM 应用软件的分类

BIM 应用软件要能支持 BIM 技术的应用。传统的 CAD 也有三维建模的功能，但这些模型只有简单的几何信息，不能表达更多的工程技术信息，因此不是 BIM 软件。同时，BIM 涉及不同的专业、不同的进度、不同的参与方，有很多种典型应用，因此很难有一个软件可以满足所有的需求，要由多个软件协同合作。如图 1-5 所示，根据使用功能，可以简单地将 BIM 应用软件分为三大类：

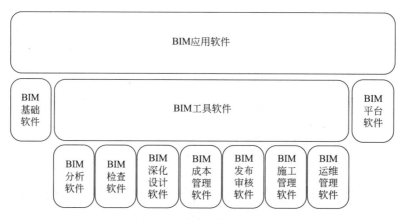

图 1-5　BIM 应用软件的分类

1. BIM 基础软件

BIM 基础软件也可以说是 BIM 建模软件，能创建具有建筑信息数据的模型，是 BIM 应用的基础。作为 BIM 建模软件，必须具备三个基本要求：

（1）三维模型的可视性和可编辑性

能够直观地应用三维图形技术，实现三维实体的创建和编辑，同时建筑及其构件可以以三维的方式呈现出来，根据需要全方位地观察。

（2）支持建筑构件库的使用

BIM 模型不是简单的几何图形或形体，是具有各种信息的数字模型。在创建模型时，用户直接在构件库中选择需要构件类别、形式，输入相应的参数，也可以编辑、创建自己的构件库。

（3）支持数据的交换

信息共享是 BIM 技术的核心，BIM 建模软件是 BIM 技术的基础，能够将其创建的模型输出，为其他 BIM 应用软件使用。

目前常用的软件有 Revit、ArchiCAD 等。

2. BIM 工具软件

BIM 工具软件是指利用基础软件创建的 BIM 模型，开展各种工作的应用软件。如在成本管理软件中常用的有广联达、鲁班、斯维尔等算量与计价软件。

3. BIM 平台软件

BIM 平台软件是指对以上软件产生的 BIM 数据进行有效的管理，支持项目全生命周期 BIM 数据共享应用的软件。这类软件构建了一个信息共享平台，各参与人员可通过网络，随时随地共享、查看、调用项目数据。如 BIM360、广联云等。

1. 3. 3 Revit 简介

Revit 软件是由美国欧特克（Autodesk）公司开发的 BIM 软件，用户界面如图 1-6 所示。

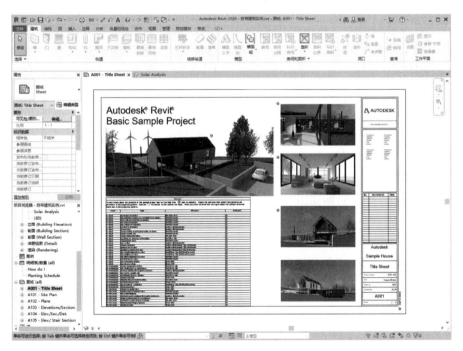

图 1-6 Revit 的用户界面

用户可以登录欧特克公司的官网（https：//www.autodesk.com.cn/）购买或试用软件。欧特克公司为学生、教师、合格教育机构提供教育许可，可基于学习、培训或研究等相关的用途访问和使用软件。有需要可以登录以上官网，注册教育用户账号。

Revit 建模以三维设计的理念为基础，直接采用建筑构件墙体、门窗、楼板、楼梯、屋顶等构件，快速创建出与真实工程一致的 BIM 模型。Revit 能够自动构建参数化框架，提高模型创建的精确性和灵活性，所有的操作都在一个直观环境中完成，软件的主要特点有：

1. 文件的互操作性强

Revit 的标准文件是 ∗ . rvt，同时支持 BIM 行业标准和系列文件格式的导入和导出，如 IFC、DWG、DXF、SKP、JPG、PNG、gbXML 等格式，具有很好的兼容性和数据交换。

2. 信息的双向关联

Revit 中所有的模型信息都储存在一个协同数据库中，所有相关联的信息只要有一处变动，都会自动反映到模型中。

3. 参数化的构件

参数化构件是 Revit 建筑设计的基础，这些构件提供开放的图形系统，通过对构件的各种信息，如构件的几何尺寸、空间占位、材料属性等一系列信息的输入和确定，为设计者提供灵活自由的设计方式。

4. 协同共享工作

不同专业领域、不同工作地点的项目团队人员通过网络可以共享、编辑同一模型，在同一服务器上综合收集中央模型。

Revit 包含了建筑、结构、设备设计和工程施工的功能，不仅是一款界面友好、操作直观的建模软件，同时在场地分析、方案论证、结构分析、预制件加工、施工流程模拟等方面都是一款出色的工具软件，是目前使用比较多的 BIM 应用软件，在其基础上二次开发的 BIM 工具也是最多的。在后面的教学单元中，我们主要学习 Revit 建筑建模，掌握 Revit 软件的建模功能、掌握软件的体系框架和参数设置；理解信息集成、叠加的逻辑性，进一步认识 BIM。

【单元总结】

本教学单元学习了 BIM 的基础知识，从中我们可以理解到，BIM 技术是贯穿整个项目全周期的信息化管理技术。Revit 是 BIM 应用软件中比较常用的一种，在后面的单元学习中，我们在创建模型时，要注重理解建筑构件之间的建造细节，注重参数化设计中的逻辑性和体系框架，这样才能创建出有价值的 BIM 模型。

【思考及练习】

1. 什么是 BIM？在实际工程应用中，如何理解 BIM？
2. Revit 软件在 BIM 中起什么作用？

【本单元参考文献】

［1］李建成.BIM 应用导论［M］.上海：同济大学出版社，2015.

［2］BIM 工程技术人员专业技能培训用书编委会.BIM 技术概论［M］.北京：中国建筑工业出版社，2016.

［3］中国建筑科学研究院.GB/T 51212—2016 建筑信息模型应用统一标准［S］.北京：中国建筑工业出版社，2017.

［4］中国建筑标准设计研究院有限公司.GB/T 51301—2018 建筑信息模型设计交付标准［S］.北京：中国建筑工业出版社，2019.

教学单元 2　Revit 基本操作

【教学目标】

1. 知识目标
了解 Revit 工作界面和基本功能；
理解图元基本概念；
熟悉项目文件的创建和设置；
掌握视图控制的方式、图元绘制和修改基本工具的使用。
2. 能力目标
使用模型线和修改命令完成图元绘制。

【思维导图】

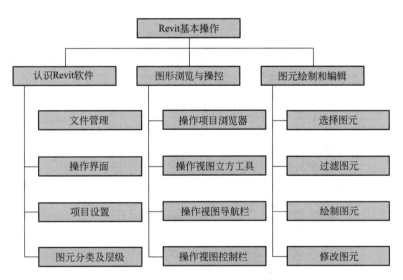

本单元主要学习 Revit 的基本操作，包括用户界面的设置、项目文件的管理、视图导航功能的使用和图元绘制和修改工具，为后期数字化建模打下基础。

2.1　Revit 软件的认识

2.1.1　项目文件的管理

Revit 有项目、项目样板、族和族样板等几种文件格式，本单元主要以项目文件为例，学习文件的打开、新建和保存。

11

启动 Revit2020 将打开软件的主页，如图 2-1 所示，整个主页界面包括 3 个选项区："项目文件管理""族文件管理"和"最近使用的文件"。

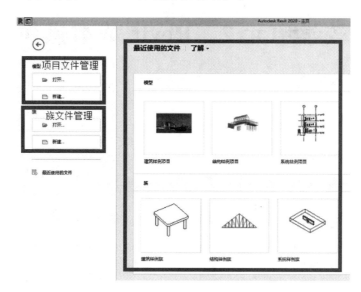

图 2-1　Revit 主页

1. 新建文件

在 Revit 主页中选择【模型新建】，将弹出"新建项目"对话框。根据需要从"样板文件"下拉栏中选择合适的样板，选择新建【项目】，单击【确定】完成，如图 2-2 所示，也可以单击【浏览】指定其他样板文件。

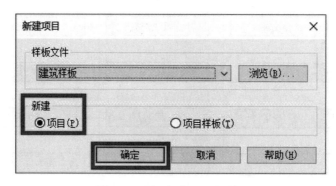

图 2-2　"新建项目"对话框

【提示】项目文件：在 Revit 中，所有的设计模型、视图及图纸信息等都储存在一个后缀名为".rvt"的文件中，它包含了构建、视图、明细表等所有信息。

项目样板文件：新建项目文件时，Revit 会以后缀名为".rte"的文件作为项目的初始条件，这个格式的文件就是项目样板，它定义了项目文件中默认的初始参数，例如项目单位、层高信息、线型设置等。在实际应用中，往往预先设置好符合工程要求的样板文件，避免重复创建各种初始参数。

在使用 Revit 软件过程中，如果需要再创建一个新的项目，有以下几种方式：

（1）在键盘上同时按〈Ctrl＋N〉键；

（2）在"快速访问工具栏"中选择【新建】工具；

（3）打开"应用程序菜单栏"，选择新建的文件类型，如图 2-3 所示。

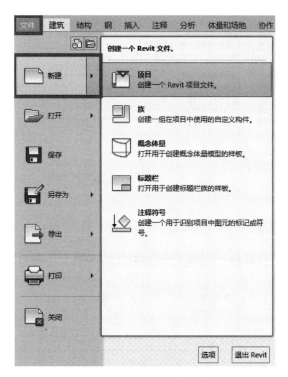

图 2-3　应用程序菜单栏

2. 打开文件

在 Revit 中，打开文件的方式有以下几种：

（1）在 Revit 主页中选择【打开】，还可以在【最近使用的文件】窗口中，直接单击要打开的文件；

（2）在键盘上同时按〈Ctrl＋O〉键；

（3）在"快速访问工具栏"中选择【打开】工具；

（4）打开"应用程序菜单栏"，选择打开的文件。

3. 保存文件

在 Revit 中，保存文件的方式有以下几种：

（1）在快速访问工具栏中选择【保存】；

（2）在键盘上同时按〈Ctrl＋S〉键；

（3）在应用程序菜单栏中选择保存文件。

若要对当前文件名和保存位置进行修改，可选择【另存为】，选择合适的文件类型及位置进行保存即可，如图 2-4 所示。

图 2-4　"另存为"对话框

2.1.2　操作界面的认识

Revit 操作界面是执行显示、编辑图形等操作的区域，完整的操作界面包括应用程序菜单、快速访问工具栏、功能区选项卡、信息中心、功能区面板、工具栏、选项栏、属性面板、项目浏览器、绘图区、视图控制栏、状态栏等界面内容，如图 2-5 所示。

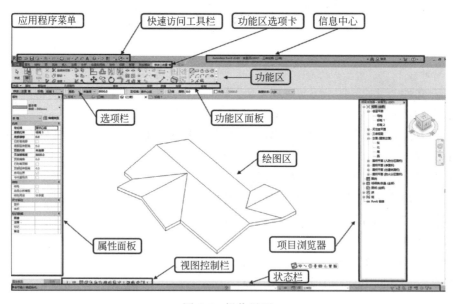

图 2-5　操作界面

1. 应用程序菜单

单击【文件】按钮，系统将展开应用程序菜单，该菜单提供了文件管理、打印、导出等常用工具，如图 2-6 所示。

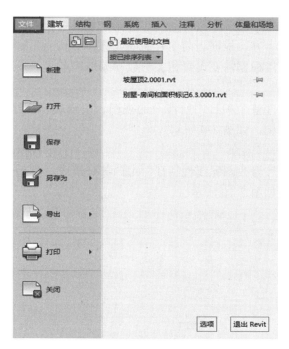

图 2-6 "应用程序菜单"对话框

2. 功能区

打开文件后，功能区相关面板可执行界面，如图 2-7 所示。功能区包括功能区选项卡、功能区子选项卡、功能区面板等部分，提供创建项目或族所需的全部工具，功能区下部倒三角符号可继续展开下拉菜单。

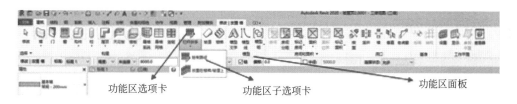

图 2-7 功能区

【提示】每个选项卡将命令工具细分在不同功能区面板里集中管理。当选择某图元或者激活某命令时，系统将在功能区选项卡中列出子选项命令工具。

3. 快速访问工具栏

快速访问工具栏默认放置了一些常用的命令和按钮，如图 2-8 所示。单击【自定义快速访问工具】按钮查看工具栏的命令，用户可自定义快速访问工具栏显示的命令及顺序。

图 2-8 快速访问工具栏

4. 选项栏

选项栏位于功能区下方，根据当前工具命令或选择不同图元时，选项栏显示与该命令或图元的相关选项，可以根据需要设置相关参数和编辑信息。

5. 项目浏览器

项目浏览器用于管理整个项目中所涉及的视图、明细表、图纸、族、组和其他对象，项目浏览器呈现树状结构，如图 2-9 所示。

6. 属性面板

属性面板用于查看和修改图元属性特征，由四部分组成：类型选择器、编辑类型、属性过滤器和实例属性，如图 2-10 所示。

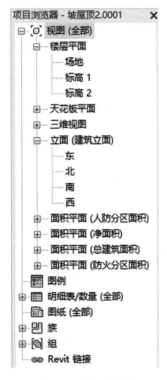

图 2-9　项目浏览器

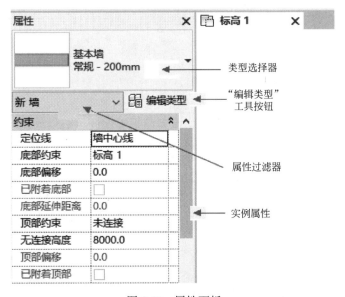

图 2-10　属性面板

【提示】"类型选择器"：绘制图元时，"类型选择器"会提示项目构件中所有的族类型，并通过"类型选择器"对已有的族类型进行替换。

"编辑类型"：单击【编辑类型】按钮，将弹出"类型属性"对话框，通过修改对话框的内容调整对象的类型参数。

属性过滤器：在绘图区域选择了多种类别图元时，可通过"类型选择器"指定选择的图元类别。

实例属性：通过填写、修改实例属性，可变更图元的相应参数。

7. 视图控制栏

视图控制栏主要功能为控制当前视图的显示样式，它提供了"视图比例""详细程度""视觉样式""日光路径""阴影设置""视图裁剪""视图裁剪区域可见性""三维视图锁定""临时隐藏""显示隐藏图元""临时视图属性""隐藏分析模型"等视图控制选项。如图 2-11 所示。

图 2-11　视图控制栏

2.1.3　项目的基本设置

项目的创建通常是由项目样板开始的。项目样板承载着项目的各种信息，以及用于构成项目的图元。Revit 依据不同专业的通用需求，发布了适用于建筑、结构、MEP 的项目样板。实际建模时，还可以通过功能区【管理】选项卡中【设置】面板的工具来定制项目的设计标准，如图 2-12 所示。

图 2-12　"管理"选项卡中的"设置"面板

下面介绍项目单位、对象捕捉的设置，其余在后续应用时介绍。

1. 设置项目单位

项目单位用于设置项目中的数值单位，控制明细表及打印等数据输出。选择【管理】选项卡，在【设置】面板上单击【项目单位】按钮，在弹出的对话框中可以预览和修改单位格式和精度。如图 2-13 所示，是根据"建筑样板"创建项目时项目单位的默认设置，可以满足一般的设计要求。如果有需要，可以单击格式列的按钮，打开相对应单位的格式设置对话框进行修改。

2. 设置捕捉

在建模过程中启用"捕捉"功能，可以准确地选中图元的特定点，精确、快速地完成绘制和建模。选择【管理】选项卡，在【设置】面板上单击【捕捉】按钮弹出【捕捉】对话框，如图 2-14 所示。

默认情况下，"关闭捕捉"复选框是未勾选的，表示当前已启动捕捉模式。

【捕捉】对话框有三部分的设置：尺寸标注捕捉、对象捕捉、临时替换。

分别勾选"长度标注捕捉增量"和"角度尺寸标注捕捉增量"，并设置对应的增量值，在绘制有长度和角度信息的图元时，会根据设置的增量进行捕捉，从而快速精确地建模。

在对象捕捉中，可以根据自己的建模习惯，勾选对应的捕捉点，启动需要的特殊点捕捉。

图 2-13　"项目单位"对话框

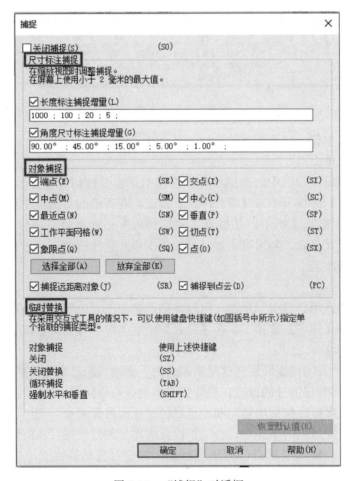

图 2-14　"捕捉"对话框

在放置图元或绘制线时，当系统出现的捕捉点不是我们的目标点时，可以调用临时替换，临时替换只影响当次的选择。在【捕捉】对话框中，对象捕捉中对应点后圆括号中所示的为该点的快捷键。同时还提供了临时关闭捕捉、循环捕捉、强制水平和垂直等的快捷键。

2.1.4　图元的分类和层级关系

图元，即图形元素，是可以编辑的最小图形单位。图元是图形软件用于操作和组织画面的基本元素。Revit 中主要有三种类型图元：模型图元、基准图元、视图专有图元，图元层级关系如图 2-15 所示。

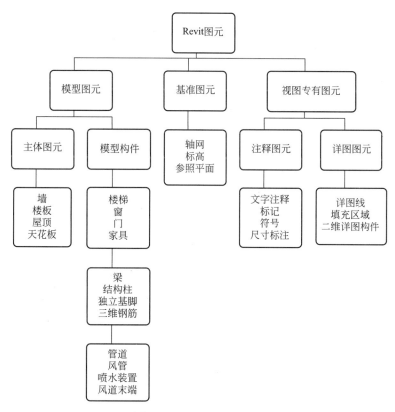

图 2-15　图元层级关系图

1. 模型图元

模型图元是代表建筑物的实际三维几何图形，包括主体图元和模型构件，显示在模型的相关视图中。

主体图元：通常在项目现场构建的建筑主体图元，如墙、屋顶等。

模型构件：建筑主体之外的其他所有类型图元，一般要根据主体图元来定位或直接依附在主体图元上，如门、窗等。

2. 基准图元

基准图元是用于绘制或创建模型时的定位工具，如轴网、标高、参照平面等。

3. 视图专有图元

视图专有图元是二维的图元，只能在放置这些图元的视图中显示，包括注释图元和详图图元。

注释图元是对模型进行图纸化的说明、归档并与出图比例相关联的二维图元，例如，尺寸标注、标记和注释记号等。

详图图元可以在特定视图中更详细地表达模型的细节，包括详图线、填充区域和二维详图等。

2.2　视图的浏览和控制

Revit 提供多种方法显示模型的整体效果或局部细节。

2.2.1　项目浏览器的操作

通过项目浏览器可以快速浏览视图、图例、明细表、图纸、族等重要信息。在【项目浏览器】中，视图的排序和分组是按视图类型、规程或阶段来进行设定，双击视图名称，可以打开相应的视图。

Revit 支持多视图操作，在绘图区的左上方会显示打开视图和当前活动视图。如图 2-16 所示，当前打开了三个视图，活动的视图是"首层"，在项目浏览器中也以粗显字体显示。可以直接点击绘图区左上方的视图名称进行活动视图的切换。如果要关闭所有非当前视图，可单击快速访问工具栏中的【关闭非活动视图】。

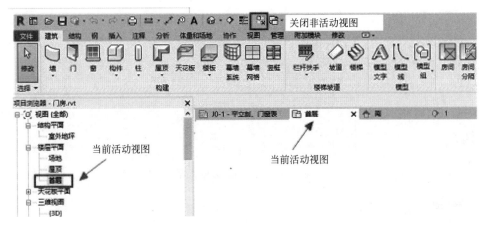

图 2-16　视图的切换和关闭

2.2.2　视图立方工具的操作

视图立方工具又称 ViewCube 导航工具，是在二维模型空间或三维视图样式中处理图形时显示的导航工具，可以灵活地观察模型的整体效果或局部细节。

视图立方工具显示在绘图区的右上方，分为四个组成部分，包括：主视图、立方体、方向控制盘、关联菜单，如图 2-17 所示。

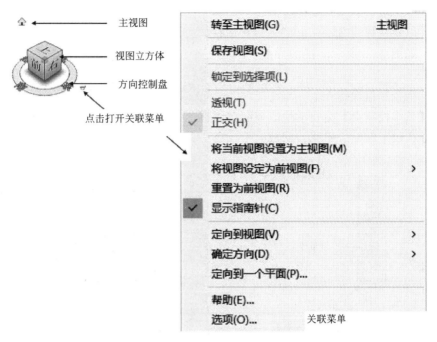

图 2-17 "视图立方"工作界面

1. 主视图操作

单击视图立方工具左上角的【小房子】按钮，可将当前视口图形切换到系统默认的"东南轴测视图"，也可以根据需要将其他方向的视图设为主视图。

2. 立方体操作

立方体操作有三种控制方式：

（1）立方体面控制

单击立方体四周的 4 个方向箭头按钮（▲、▼、◀、▶）来选择立方体的六个方位的正投影面，对视口图形进行俯视、仰视、左视、右视、前视及后视的视图观察。

（2）立方体角点控制

单击立方体中的任一角点，可切换至对应的等轴测视图。

（3）立方体棱边控制

单击立方体上的任一棱边，可切换至 45°侧立面视图。

3. 方向控制盘操作

单击或拖动视图立方工具中的方向控制盘方向文字（东、南、西和北），以获得西南、东南、西北、东北或任意方向的视图。此外，用户还可以通过鼠标配合键盘（按住鼠标滚轮＋Shift 键）对模型进行任意方位查看。

4. 关联菜单操作

单击视图立方工具右下角【关联菜单】图标或在立方体处单击鼠标右键，系统都会弹出关联菜单。通过此关联菜单也可以控制视图，菜单中"保存视图""将当前视图设定为主视图""定向到视图"工具在实际项目中经常使用。

2.2.3 视图导航栏的操作

视图导航栏又称为 SteeringWheels 导航栏，打开项目文件，在绘图区右上角会出现视图导航栏，如图 2-18 所示。视图导航栏分为三个组成部分，包括：二维控制盘、区域放大、自定义。

（1）二维控制盘操作

单击【二维控制盘】会自动生成控制盘图标，并跟随鼠标进行移动，如图 2-19 所示。二维控制盘提供了缩放、平移、回放三个指令。

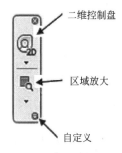

图 2-18　二维视图导航栏　　　　　图 2-19　"控制盘"图标

要对当前视图进行缩放，只需按住【缩放】指令不松手，同时上下或左右拖动鼠标，鼠标在绘图区内的位置就是缩放的中心点；按住【平移】指令不松手，可以对当前视图进行移动。

用户在操作缩放和平移的指令时，系统会自动捕捉和记录操作节点，通过回放的方式进行显示，点击需要的视图松开鼠标左键，视图将被定格。

（2）区域放大操作

区域放大是将视图中某部分视图区域进行放大，类似于放大镜。操作时，点击区域放大指令，利用鼠标框选需要放大显示的图元范围，框选的视图将会放大显示。点击下方的小三角，该指令还提供了其他多种操作工具，可以根据需要进行切换。

（3）自定义操作

点击视图导航栏右下方的小三角，该指令提供了导航栏的位置、透明度等设置。

2.2.4 利用鼠标＋键盘快捷键的操作

在绘制和创建图元时，还可以通过使用带滚轮鼠标＋键盘快捷键的方式控制视图显示，下面列出常用的几种操作。

1. 鼠标中键

向上或向下滚动鼠标中键，可以实时放大或缩小当前视图的显示范围；按住鼠标中键，可以平移视图。

2.【Shift 键】＋鼠标中键

同时按下【Shift 键】＋鼠标中键，可以自由地旋转视图的显示方向。

3.【Ctrl 键】＋鼠标中键

同时按下【Ctrl 键】＋鼠标中键，可以实时放大或缩小当前视图的显示范围。

4. 鼠标右键

在绘图区空白处单击鼠标右键，可以弹出快捷菜单，其中也有视图控制的工具。如图 2-20 所示。

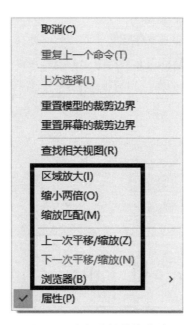

图 2-20　鼠标右键快捷菜单

2.2.5　视图控制栏的操作

视图控制栏位于绘图区左下角，主要是控制视图的显示状态，如图 2-21 所示。其中【视觉样式】、【临时隐藏/隔离】、【显示隐藏的图元】工具在项目创建时最为常用。

图 2-21　视图控制栏

1. 视觉样式

单击视图控制栏的【视觉样式】按钮，将弹出快捷菜单，从中可以选择视图的显示样式。视觉样式按显示效果由弱变强分为线框、隐藏线、着色、一致的颜色、真实等五种视觉样式，如图 2-22 所示。

常用的视觉样式显示，如图 2-23 所示。在创建模型时，平面视图一般采用隐藏线样式，3D 视图采用着色样式。

数字资源2-1

图形显示选项(G)...

线框
隐藏线
着色
一致的颜色
真实
光线追踪

1 : 100

图 2-22 "视觉样式栏"选项内容

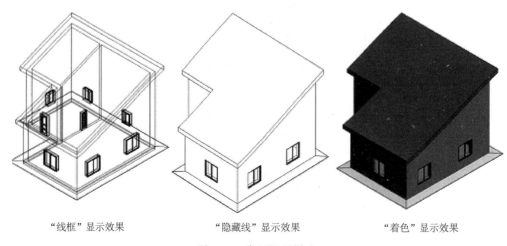

"线框"显示效果   "隐藏线"显示效果   "着色"显示效果

图 2-23 常用视觉样式

2. 显示隐藏的图元

在绘制和创建过程中，由于图元比较多，有时会需要将某些图元或类别隐藏。例如，要在当前视图中隐藏屋顶图元，可以将鼠标移至屋顶，此时图元会蓝显，单击鼠标右键，在弹出的快捷菜单中选择"在视图中隐藏"➤"图元"或"类别"。操作完成后，屋顶被隐藏了，效果如图 2-24 所示。

数字资源2-2

要查看或打开被隐藏的图元，可以在视图控制栏上单击【显示隐藏的图元】按钮（小灯泡图标），绘图区域将显示一个红色边框，用于指示处于"显示隐藏的图元"模式下。所有隐藏的图元都以红色显示，而可见图元则显示为灰色调，如图 2-25 所示，视图中被隐藏的有屋顶、标高等。

要取消图元在当前视图中的隐藏，可以将鼠标移至要选择的图元上，此时图元会蓝显，单击鼠标右键，在弹出的快捷菜单中选择"取消在视图中隐藏"➤"图元"或"类别"。操作完成后，效果如图 2-26 所示。

【提示】要退出"显示隐藏的图元"模式，只需再次点击视图控制栏上的"小灯泡"图标。

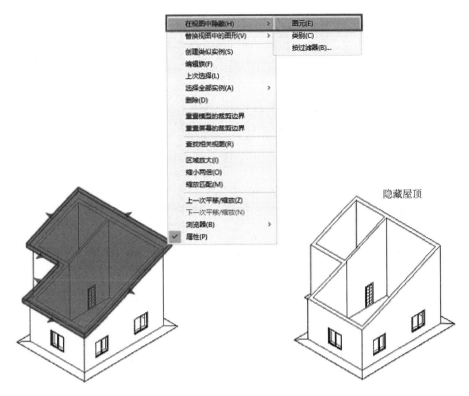

图 2-24　隐藏图元的效果

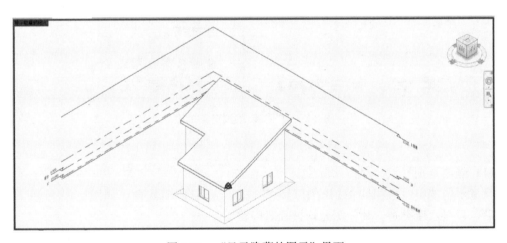

图 2-25　"显示隐藏的图元"界面

3. 临时隐藏/隔离

在设计过程中，还可以临时隐藏或者突显需要观察或者编辑的构件，为工作带来极大的方便。选择需要编辑的图元，在视图控制栏单击【临时隐藏/隔离】按钮（小眼镜图标）弹出快捷菜单，如图 2-27 所示。

下面打开源文件小房屋模型，以窗图元为例分别介绍这四种视图控制的

数字资源2-3

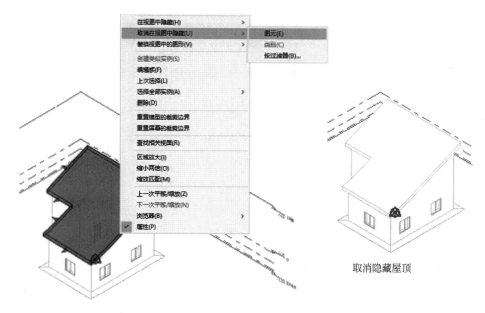

取消隐藏屋顶

图 2-26 取消隐藏的图元

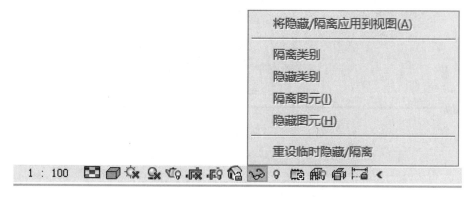

图 2-27 "隐藏/隔离"菜单栏

操作。

（1）隔离类别

只显示与选中对象相同类别的图元，其他图元将被临时隐藏。如图 2-28 所示，操作完成后，只显示窗类别，其他图元均被临时隐藏。

（2）隐藏类别

与选中的图元具有相同属性的图元类别都被临时隐藏。如图 2-29 所示，只选择了单个窗，但操作完成后，所有窗图元都被临时隐藏，墙体上只显示窗洞。

（3）隔离图元

只显示选中的图元，除此之外的其他图元都被临时隐藏。如图 2-30 所示，操作完成后，只显示选择的单个窗图元，其他图元均被临时隐藏。

（4）隐藏图元

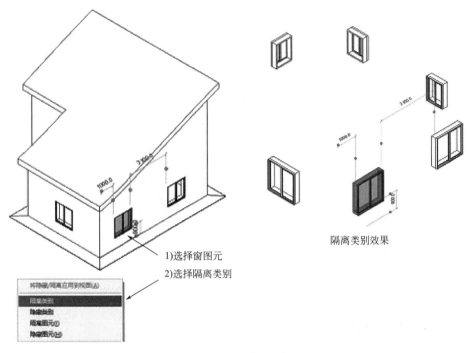

隔离类别效果

1)选择窗图元

2)选择隔离类别

图 2-28　隔离类别

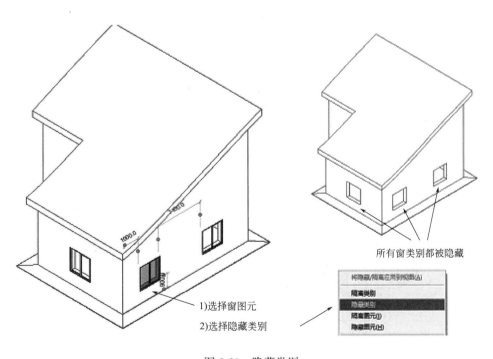

所有窗类别都被隐藏

1)选择窗图元

2)选择隐藏类别

图 2-29　隐藏类别

　　只隐藏选中的图元，如图 2-31 所示，操作完成后，选中的单个窗图元被临时隐藏，墙体上该处位置只显示窗洞。

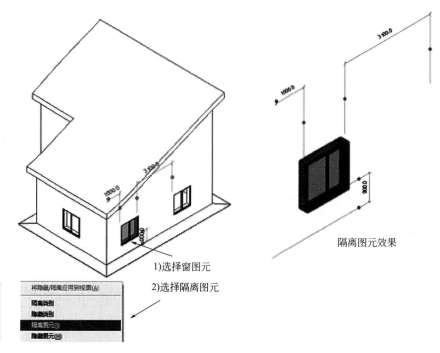

图 2-30 隔离图元

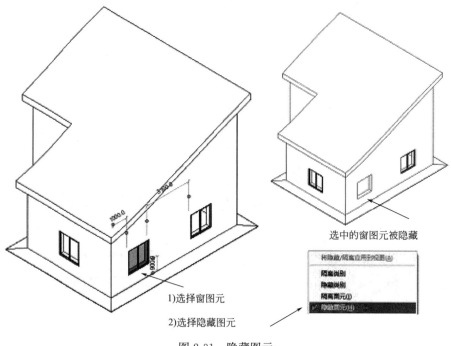

图 2-31 隐藏图元

要退出"显示隐藏的图元"模式，只需再次点击视图控制栏上的"小眼镜"图标，在弹出快捷菜单中点取"重设临时隐藏/隔离"，如图 2-32 所示。如果点取"将隐藏/隔离应用到视图",则会在当前视图中将临时隐藏的图元变为真正的隐藏。

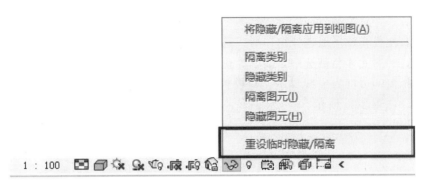

图 2-32 退出"隐藏/隔离"

2.3 图元的绘制和编辑

2.3.1 图元的选择

在创建模型过程中,经常要选择图元进行相关的编辑和调整,合理选择图元的方式至关重要,下面介绍几种常用的选择方法。

1. 单击图元法

单击图元法是将鼠标移动到要选择的图元上,该图元将高亮显示,此时单击鼠标左键就可以选中图元,被选中的图元将会蓝显。如果要选择多个图元,可以按住键盘上的【Ctrl 键】,此时光标箭头右上方会出现"+"符号,连续单击鼠标左键点选相应的图元,即可一次性完成多个图元的选择,如图 2-33 所示。

数字资源2-4

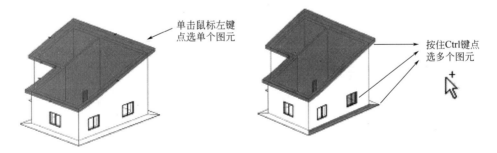

图 2-33 单击图元法

【提示】如果要在选择集中扣除图元,可以按住键盘上的【Shift 键】,此时光标箭头右上方会出现"一"符号,单击鼠标左键点选相应的图元,即可将图元从选择集中扣除掉。

2. 窗选图元法

窗选图元法是在绘图区空白处单击鼠标左键并拖住，形成选择窗口选择图元的方法。

数字资源2-5

从左向右拖曳光标形成选择窗口时，选择窗的边框为实线显示，只有被窗口完全框住的图元才会被选中，简称为正选；从右向左拖动鼠标形成选择窗口时，选择窗的边框为虚线显示，只要被窗口触碰到的图元都会被选中，简称为反选，如图 2-34 所示。

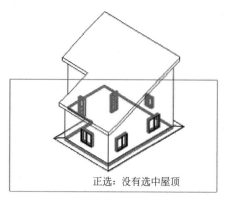
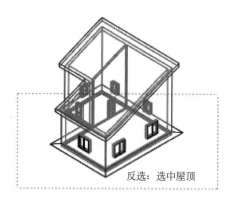

正选：没有选中屋顶　　　　　　反选：选中屋顶

图 2-34　窗选图元法

3. 选择全部实例法

在编辑图元时，用户如需选择同一类别的图元，可采用选择全部实例法。如图 2-35 所示，如果要选择同类别的全部墙图元，只需先任意点选某个墙图元，然后单击鼠标右键，在弹出的快捷菜单中点击【选择全部实例】选项，即可完成对同一类别墙图元的选取。

数字资源2-6

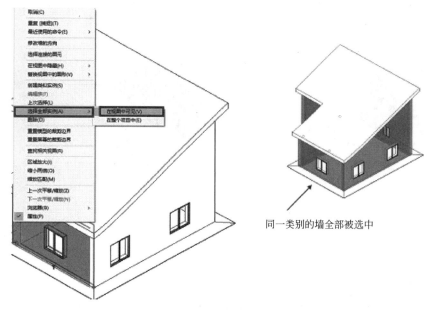

同一类别的墙全部被选中

图 2-35　选择全部实例法

【提示】【选择全部实例】选项下还有子选项：【在视图中可见】和【在项目中可见】，可根据实际需要选择。

2.3.2　图元的过滤

在建模过程中，有时候需要选择某一类型图元进行编辑，常用的方法是使用过滤器，过滤器可以删除不需要的类别。

例如，在小房子模型中需要选择所有的墙图元时，可以先窗选所有图元，然后在【修改｜修改多个】上下文选项卡【选择】面板中单击【过滤器】（漏斗图标），将弹出【过滤器】对话框，如图 2-36 所示。

数字资源2-7

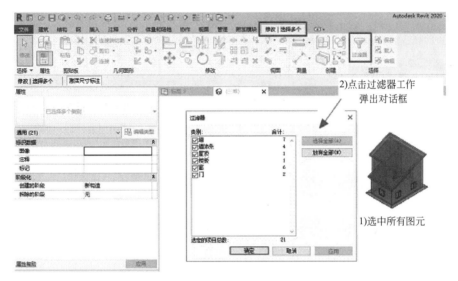

图 2-36　【过滤器】对话框

对话框显示了当前选择的图元类别及各类别的图元数量，先点击【放弃全部】按钮，再勾选墙图元前的复选框，最后单击【确定】按钮，即可选中全部的墙图元，如图 2-37 所示。

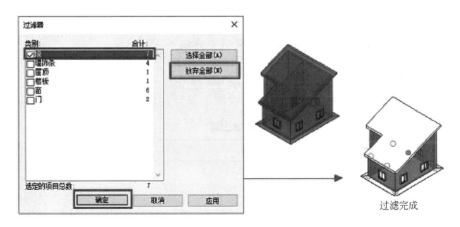

图 2-37　"墙" 过滤器完成效果

31

2.3.3 基本的绘制工具

在 Revit 中，对图元的绘制和修改提供基本的工具。下面以模型线为例，介绍基本绘制工具的使用。

1. 绘制模式

选择软件自带的"建筑样板"新建项目，在【建筑】选项卡的【模型】面板中单击【模型线】按钮，将展开【修改│放置 线】上下文选项卡，自动进入绘制模式，如图 2-38 所示。

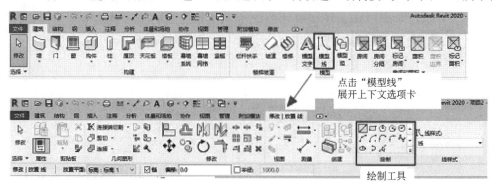

图 2-38 "绘制"面板工具

在使用绘制工具时，一定要注意"修改│放置 线"选项栏的变化和设置，如图 2-39 所示。

图 2-39 "修改│放置线"选项栏

【放置平面】：显示当前的工作平面为"标高 1"，也可以从列表中选择其他的工作平面。

【链】：勾选复选框，可以在绘图区连续绘制直线。

【偏移量】：在文本框中输入参数，设定绘制直线与绘制基准线间的偏移距离。

【半径】：勾选复选框，在后面的文本框中输入参数，则在连续绘制直线时自动在转角处创建圆弧连接。

【提示】有时图标会显示为灰度，则说明当前状态下不可用。

----

2. 绘图工具的使用说明

由"绘制"面板可见，软件提供了很多绘图工具，其使用说明见表 2-1。

绘制工具   表 2-1

绘制工具	工具按钮	作用	数字资源
线	◥	可以创建一条直线或一连串连接的线段	数字资源2-8

续表

绘制工具		工具按钮	作用	数字资源
矩形			通过拾取两个对角点创建矩形线链	数字资源2-9
内接 多边形			绘制正多边形,其顶点与中心之间相距指定距离	数字资源2-10
外接 多边形			绘制正多边形,其各边与中心之间相距指定距离	数字资源2-11
圆形			指定圆心和半径创建圆	数字资源2-12
圆弧	起点-终点-半径弧		指定圆弧的起点、终点和半径,创建圆弧	数字资源2-13
	圆心-端点弧		指定圆弧的圆心、起点和终点,创建圆弧	数字资源2-14
	相切-端点弧		创建圆弧与现有线连接,半径将自动调整	数字资源2-15
	圆角弧		使两条相交线形成圆角连接,可以调整圆弧的半径	数字资源2-16
	样条 曲线		创建经过或靠近指定点的平滑曲线	数字资源2-17

续表

绘制工具	工具按钮	作用	数字资源
椭圆		指定椭圆的中心点和两个半径,创建椭圆	数字资源2-18
半椭圆		指定椭圆的直径和另一个方向的半径,创建半个椭圆弧	数字资源2-19
拾取线		根据现有墙、线或边创建线段	数字资源2-20

3. 实例操作 1

用模型线抄绘如图 2-40 所示的图样,学习基本绘制工具的操作。

数字资源2-21

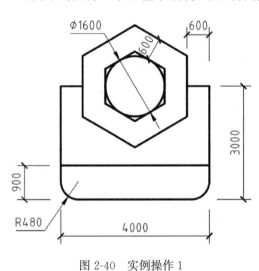

图 2-40　实例操作 1

(1) 进入绘制模式

单击【模型线】按钮,展开【修改｜放置 线】上下文选项卡,自动进入绘制模式界面。

(2) 绘制圆

要调用绘图工具,可以单击绘制工具面板上的【圆形】按钮。此时光标在绘图区变为带小图标的十字,提示当前处于绘制圆形状态,点击鼠标左键确定圆心,然后拖动光标生成半径不断变化的模拟圆,当半径捕捉值为 800 时,再次点击鼠标左键,确定圆的大小,如图 2-41 所示。

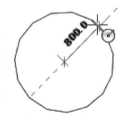

图 2-41　绘制圆

（3）绘制圆外切六边形

单击绘制工具面板上的【外接多边形】按钮，在【修改 | 放置 线】选项栏的【边】文本框中输入 6，确定多边形的边数，如图 2-42 所示。

图 2-42　确定多边形的边数

将光标靠近圆心，出现中心捕捉符号时，点击鼠标左键确定六边形的中心，拖动光标捕捉圆周上合适的位置，再次点击鼠标左键，完成绘制，如图 2-43 所示。从光标的形状可以知道，当前还在调用【外接多边形】的绘制工具。

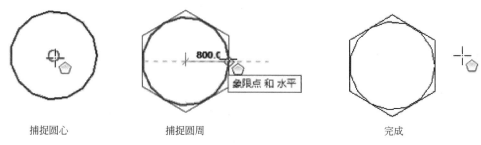

捕捉圆心　　　　　　　　　　捕捉圆周　　　　　　　　　　完成

图 2-43　绘制圆外切正六边形

（4）绘制偏移的六边形

在【修改 | 放置 线】选项栏的【偏移量】文本框中输入 600，确定多边形的偏移值，如图 2-44 所示。

图 2-44　确定多边形的偏移值

将光标靠近圆心，出现中心捕捉符号时，点击鼠标左键确定六边形的中心，拖动光标捕捉圆上合适的位置，再次点击鼠标左键完成绘制。按键盘上的【Esc 键】取消自动出现的临时标注，如图 2-45 所示。

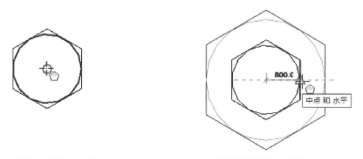

1) 捕捉圆心确定六边形中心　　　　　　2) 捕捉圆周确定六边形大小

图 2-45　绘制偏移的六边形（一）

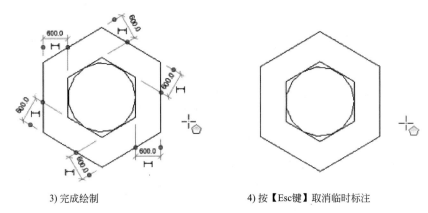

3) 完成绘制   4) 按【Esc键】取消临时标注

图 2-45　绘制偏移的六边形（二）

（5）绘制线

单击绘制工具面板上的【线】按钮，在【修改｜放置 线】选项栏的【链】复选框中勾选，如图 2-46 所示，方便连续画线。

图 2-46　勾选【链】复选框

将光标靠近六边形，点取边的中点作为绘制线的起点，移动光标出现长度捕捉值 600 时，点击鼠标左键，绘制线段；依次拖动光标，完成连续线的绘制。在绘制过程中，可以用键盘直接输入线段的长度值，也可以利用特殊点的捕捉和追踪，如图 2-47 所示。

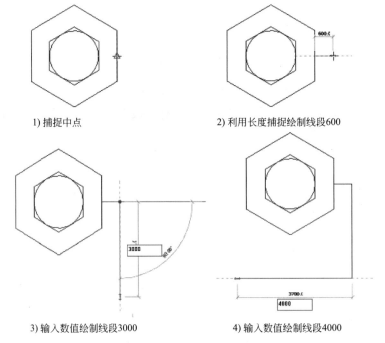

1) 捕捉中点   2) 利用长度捕捉绘制线段600

3) 输入数值绘制线段3000   4) 输入数值绘制线段4000

图 2-47　绘制连续线（一）

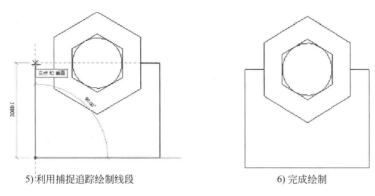

5) 利用捕捉追踪绘制线段　　　　　　　　　6) 完成绘制

图 2-47　绘制连续线（二）

（6）拾取线

单击【拾取线】按钮，在【修改｜放置 线】选项栏的【偏移量】文本框中输入 900，确定拾取线的偏移值，如图 2-48 所示。

图 2-48　确定拾取线的偏移值

将光标移回绘图区，此时光标变为箭头形状，靠近基准线上方，在上方 900 处自动出现一条迹线，点击鼠标左键完成绘制，如图 2-49 所示。从光标的形状可以知道，当前还处于"拾取线"的绘制状态，按一次【Esc 键】取消拾取的基线，再按一次【Esc 键】退出绘制界面。

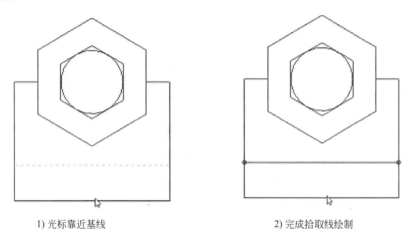

1) 光标靠近基线　　　　　　　　　　　2) 完成拾取线绘制

图 2-49　拾取线绘制

（7）绘制圆角弧

单击【圆角弧】按钮，在【修改｜放置 线】选项栏的【半径】复选框中勾选，并在文本框中输入 480，确定圆弧半径，如图 2-50 所示。

移动光标靠近连接线，当线蓝显时点击鼠标左键完成拾取，同样方法拾取另一条连接线，完成圆角弧，如图 2-51 所示。重复步骤绘制另一圆角弧，完成全部图样的绘制。

图 2-50　确定圆弧半径

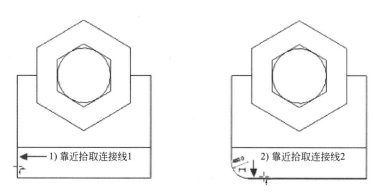

1) 靠近拾取连接线1　　　　2) 靠近拾取连接线2

图 2-51　绘制圆角弧

2.3.4　基本的修改工具

Revit 基本修改工具的操作和使用类似于 AutoCAD，这些工具用来修改和操纵绘图区中的图元，以实现建筑模型所需的设计。

1. 修改模式

点击功能区的【修改】选项卡，将展开【修改】上下文选项卡，进入修改界面，针对不同类别图元的上下文选项卡有少许不同，但基本的修改工具是一样的，如图 2-52 所示。大部分修改命令都提供默认的快捷键，也可以根据自己的操作习惯设置。

图 2-52　修改工具面板

2. 修改工具使用说明

由【修改】面板可见，软件提供了很多修改工具，见表 2-2。

<table>
<tr><td colspan="4">修改工具</td><td>表 2-2</td></tr>
<tr><td>修改工具</td><td>工具按钮</td><td>说明</td><td colspan="2">数字资源</td></tr>
<tr><td>对齐（AL）</td><td></td><td>可以将一个或多个图元与选定的图元对齐</td><td colspan="2">数字资源2-22</td></tr>
</table>

修改工具		工具按钮	说明	数字资源
偏移(OF)			将选定的图元复制或移动到其长度垂直方向上指定的距离	数字资源2-23
镜像	拾取轴(MM)		可以使用现有线或边作为镜像轴反转选定图元的位置	数字资源2-24
	绘制轴(DM)		绘制一条临时线作为镜像轴	
移动(MV)			用于将选定的图元移动到当前视图中指定的位置	数字资源2-25
复制(CO)			用于复制选定的图元并将它们放置到当前视图中指定的位置	数字资源2-26
旋转(RO)			可以将选定的图元绕轴旋转	数字资源2-27
修剪/延伸为角(TR)			修剪或延伸图元,以形成一个角	数字资源2-28
拆分(SL)			在选定点剪切图元或删除两点之间的线段	数字资源2-29
间隙拆分			将墙拆分成两面单独的墙	数字资源2-30
锁定(PN)			用于将图元锁定到位	数字资源2-31

修改工具		工具按钮	说明	数字资源
解锁（UP）			用于解锁图元，使其可以移动	数字资源2-32
删除（DE）		✕	用于删除选定的图元	数字资源2-33
阵列（AR）		▦	可以创建选定图元的线性或半径阵列	数字资源2-34
缩放（RE）		▱	可以按比例调整选定图元的大小	数字资源2-35
修剪/延伸	单个图元	⇥	修剪或延伸单个图元到其他图元定义的边界	数字资源2-36
	多个图元	⇥	修剪或延伸多个图元到其他图元定义的边界	数字资源2-37

合理灵活地操作和使用基本工具，将大大提高模型的创建速度。

3. 实例操作 2

用模型线抄绘如图 2-53 所示的图样，学习绘制和修改工具的操作。

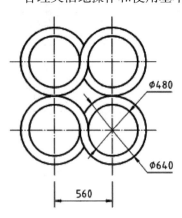

图 2-53 实例操作 2

（1）进入绘制模式，绘制同心圆

单击【模型线】按钮或在键盘直接输入模型线的快捷命令"LI"，展开【修改｜放置 线】上下文选项卡，自动进入绘制模式界面。

调用【圆形】工具，在绘图区点击鼠标左键完成圆心定位，移动光标单击第二点，生成带临时标注的圆；点击临时半径标注值修改为"240"，按【Enter 键】生成直径 480 的圆；捕捉圆心，以相同方式完成直径 640 的同心圆，如图 2-54 所示。

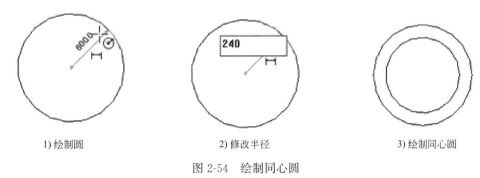

1) 绘制圆　　　　　　　2) 修改半径　　　　　　　3) 绘制同心圆

图 2-54　绘制同心圆

（2）复制同心圆

键盘上按【Esc 键】，退出绘制模式，用图元选择方法选中两圆，会自动展开【修改】上下文选项卡，单击【修改】面板中的【复制】按钮，在【修改｜线】选项栏中勾选【约束】复选框，如图 2-55 所示。

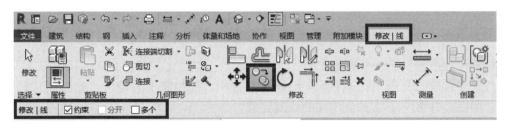

图 2-55　"修改｜线"选项栏

捕捉同心圆圆心，水平向右移动光标，键盘输入"560"，按【Enter 键】复制出另一组圆，如图 2-56 所示。

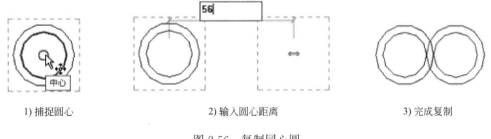

1) 捕捉圆心　　　　　　2) 输入圆心距离　　　　　　3) 完成复制

图 2-56　复制同心圆

（3）修剪图元

单击【修改】面板中的【修剪/延伸为角部】按钮，如图 2-57 所示，在依次拾取图元，完成两组圆重叠部分的修剪。

（4）延伸图元

仍然调用【修剪/延伸为角】工具，如图 2-58 所示，靠近右上方拾取大圆，移动光标靠近作为延伸边界的小圆自动生成延伸路径时，单击鼠标左键确认完成。同样操作完成另一段圆弧延伸。

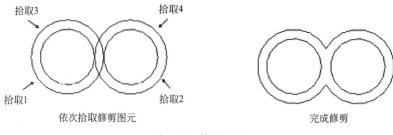

图 2-57　修剪图元

图 2-58　延伸图元

（5）镜像图元

选定要镜像的图元，单击【镜像-绘制轴】按钮，捕捉圆上方轮廓点绘制镜像轴镜像图元，如图 2-59 所示，实例 2 图样的绘制完成。

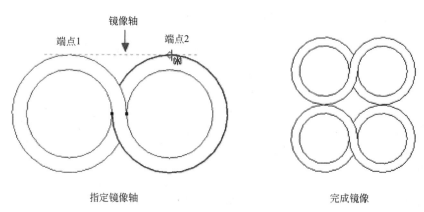

图 2-59　镜像图元

4. 实例操作 3

抄绘如图 2-60 所示的图样。

（1）绘制矩形

调用【矩形】工具，在选项栏中勾选【半径】复选框，文本框中输入"280"，如图 2-61 所示。

数字资源2-39

任意确定两点，绘制出带临时标注的矩形，用光标直接点击临时标注值，分别修改为"1120""2240"，完成绘制，如图 2-62 所示。

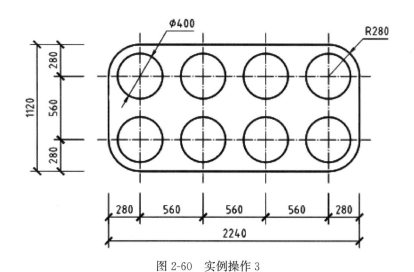

图 2-60 实例操作 3

图 2-61 确定矩形圆角的半径

1) 绘制任意矩形　　　　2) 修改临时标注　　　　3) 完成绘制

图 2-62 绘制圆角矩形

（2）绘制圆

调用【圆形】工具，捕捉矩形圆角的中心用为圆心，绘制直径 200 的圆，如图 2-63 所示。

1) 捕捉矩形圆角圆心绘制图　　　　　　　　　2) 完成圆绘制

图 2-63 绘制圆

（3）阵列图元

选定要阵列的图元，单击【阵列】按钮，弹出【修改】选项栏。选项栏提供了【线性】和【半径】两种操作。线性阵列是将图元按指定的项目数、距离在线性方向上进行多重复制；半径阵列是根据阵列的中心控制点、填充总角度或填充门角度在圆周或扇形方向上对图元进行多重复制。

根据拟绘图样的特点，本次操作选择线性阵列；勾选"成组并关联"复选框，使阵列后的对象组成一个组，方便以后编辑修改；在"项目数"文本框中输入 4，选择"移动到第二个"，表示阵列操作时输入的数值为图元间的距离；勾选"约束"复选框，限定只能在水平或垂直方向上阵列图元，如图 2-64 所示。

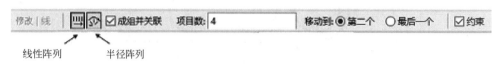

图 2-64   "阵列"选项栏

在绘图区，捕捉圆中心点作为阵列的起始点，向右移动光标，键盘输入"560"，按【Enter 键】阵列出一组图元，有需要还可以在临时标注中调整阵列的图元总数，按【Esc键】完成绘制，如图 2-65 所示。

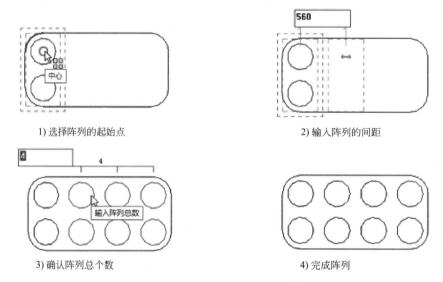

图 2-65   阵列图元

【单元总结】

通过本教学单元的学习，我们基本了解了 Revit2020 的工作界面及相关功能的应用，初步掌握项目管理设置、模型显示、视图操控、图元绘制和编辑等常用的项目设计基础操作，为后续的深入学习打下基础。在操作 Revit 的同时，注意体会软件全面、创新、灵活的设计功能，帮助我们建立三维设计思维和 BIM 概念。

【思考及练习】

1. 若要取消选择某个选定的图元，但不取消选择其他图元，怎么操作？

2. Revit 修改命令可以像 AutoCAD 一样，使用快捷键操作吗？

3.用模型线抄绘如图 2-66 所示图样，可不标注尺寸。

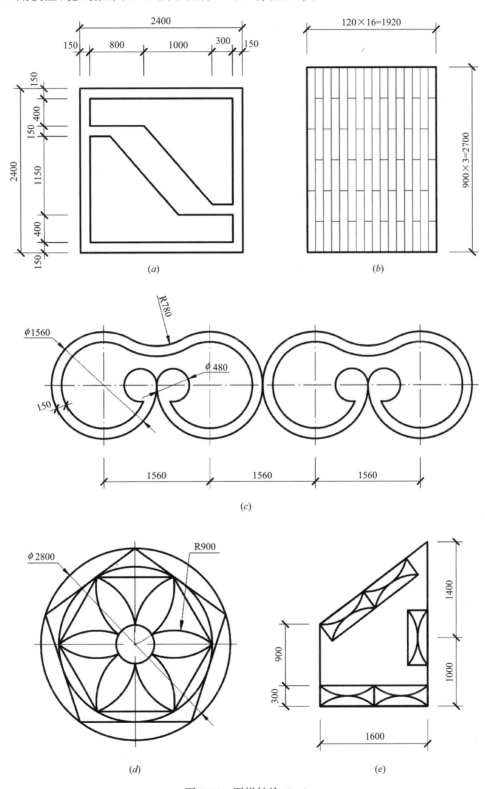

图 2-66　图样抄绘（一）

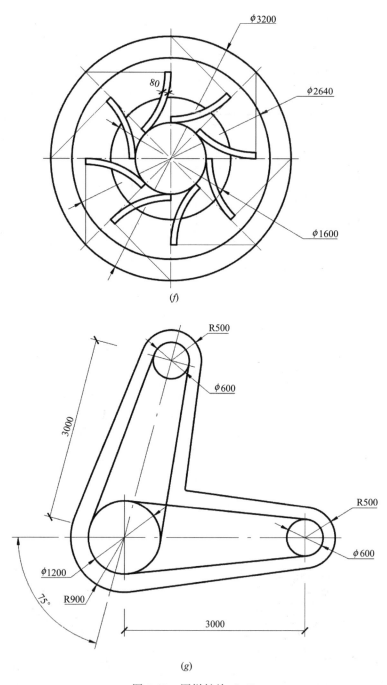

(f)

(g)

图 2-66　图样抄绘（二）

【本单元参考文献】

［1］肖春红.2019Autodesk Revit 中文版实操练习［M］.北京：电子工业出版社，2019.

［2］（英）皮特·罗德里奇，（英）保罗·伍迪，北京采薇君华教育咨询有限公司组译.Autodesk Re-vit2017 建筑设计基础应用教程［M］.北京：机械工业出版社，2017.

［3］何凤，梁瑛.Revit2016 中文版建筑设计从入门到精通［M］.北京：人民邮电出版社，2017.

教学单元 3 建筑模型的创建流程

【教学目标】

1. 知识目标

理解模型创建工具使用时的相关设置和注意事项；

熟悉建筑模型的基本创建流程。

2. 能力目标

具备建筑工程建模员等岗位的图纸识读能力；

熟练使用 Revit 软件，掌握建筑模型的绘制技巧。

【思维导图】

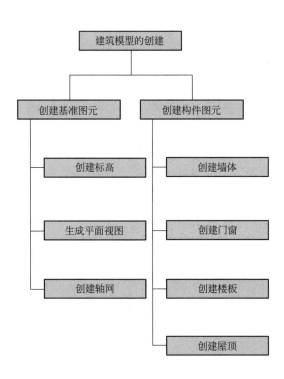

建筑工程图通常包含平、立、剖和大样图，如图 3-1 所示。创建 BIM 基础模型的过程，与传统的工程图样绘制过程是大致相似的。本单元通过对图 3-1 所示的单层小住宅项目进行创建讲解，作为建筑建模的入门学习。

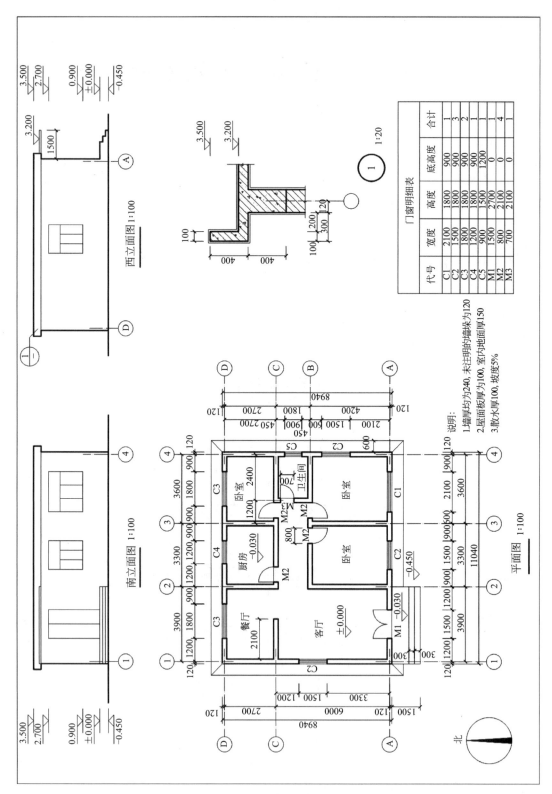

图 3-1 单层小住宅

门窗明细表

代号	宽度	高度	底高度	合计
C1	2100	1800	900	1
C2	1500	1800	900	3
C3	1800	1800	900	2
C4	1200	1800	900	1
C5	900	1500	1200	1
M1	1500	2700	0	1
M2	800	2100	0	4
M3	700	2100	0	1

说明：
1.墙厚均为240，未注明的墙垛为120
2.层面板厚为100，室内地面厚150
3.散水厚100，坡度5%

西立面图 1:100

南立面图 1:100

平面图 1:100

北

3.1   标高、轴网的创建和编辑

标高和轴网是建筑图中重要的定位标识信息。一般而言，标高用来定义楼层的层高及生成相应的平面视图，反映建筑构件在高度方向的定位情况；轴网用于平面构件的定位，多数时候是定位墙体或柱子的位置。Revit 实际上是利用积聚投影来创建标高平面和轴网平面的：绘制轴网线，实际上是创建一个垂直于地面的铅垂面；绘制标高线，则是创建一个水平面，它们都是创建模型时的工作平面和参照平面。

实际操作中，建议先创建标高，再创建轴网。这样可以在各层平面图中正确显示轴网。若先创建轴网、再创建标高，需要在立面视图中手动设置，使轴网线和标高线相交，只有在与轴网相交的标高楼层平面视图中才能显示轴网线。

3.1.1   标高的创建和编辑

1. 创建标高

识读单层小住宅建筑图，根据项目的要求创建标高，如图 3-2 所示。

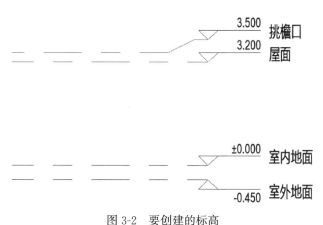

图 3-2   要创建的标高

打开软件，选择"建筑样板"新建项目，单击确定进入操作界面。

Revit 必须在立面视图和剖面视图中才能创建"标高"，在"项目浏览器"中展开"视图"→"立面"，双击【南】进入到建筑南立面，其默认标高的设置如图 3-3 所示。可以对其进行相应的编辑修改，也可以创建新标高。

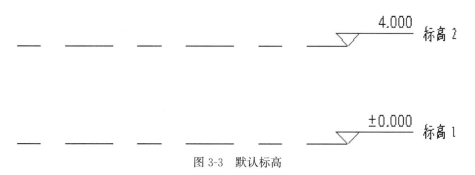

图 3-3   默认标高

49

标高的创建主要有以下几种方法：直接绘制标高、复制标高、阵列标高等。

（1）直接绘制标高

打开【建筑】选项卡，单击【基准】面板上的【标高】按钮，展开【修改 | 放置标高】上下文选项卡，自动进入创建标高模式，如图 3-4 所示。

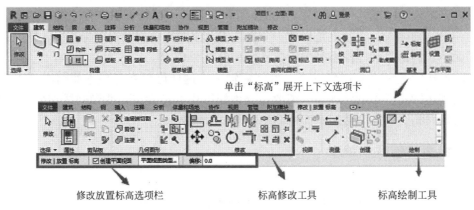

图 3-4　【修改 | 放置标高】上下文选项卡

【提示】标高的默认快捷键为 LL，使用快捷键有很大的操作优势，只要当前视图是允许创建标高的，则可以直接展开【修改 | 放置标高】上下文选项卡。

不同图元的上下文选项卡会有少许的差别，请在后面的学习中仔细体会。

在绘图区中将光标移动到"标高 2"的上面与左标头对齐，当出现浅蓝色延伸追踪线时，单击鼠标左键确定标高起点，然后水平向右拖动光标对齐右标头，出现追踪线时再次单击鼠标左键，如图 3-5 所示，完成标高 3 的绘制。

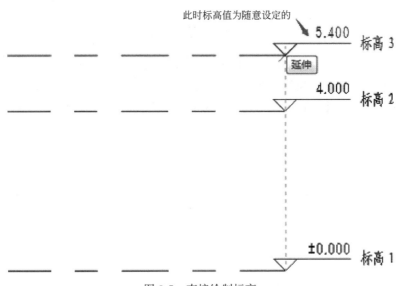

图 3-5　直接绘制标高

【提示】标高名称末位为字母或数字时，自动按创建的顺序命名，如标高1、标高2、标高3等。

　　Revit中如果要取消、中断当前操作，只需按键盘上的【Esc键】。

（2）复制标高

退出创建标高模式后，在绘图区中移动光标点选"标高1"图元，功能区自动展开【修改 | 标高】上下文选项卡，调取【复制】工具，在绘图区合适位置拾取复制的起点，如图3-6所示。垂直往下移动光标，随着光标的移动，显示复制距离的临时标注值也在不断变化，当出现需要的距离时，单击鼠标左键完成复制；也可以在键盘上直接输入"450"，按【Enter键】，完成标高的复制。

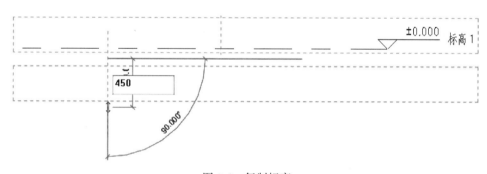

图3-6　复制标高

【提示】在【修改 | 标高】选项栏中勾选【约束】复选框，则光标只能在水平和垂直方向上移动，复制标高；勾选【多个】复选框，可以连续多次复制标高。

（3）阵列标高

当需要创建多个等距的标高，如层高相同的多层、高层建筑时，可以采用阵列的方法快速创建。

阵列标高的操作方法请参考上一单元的图元操作，这里不再赘述。

2. 编辑标高

经过上述的操作步骤，得到如图3-7所示的标高。显然还需要对这些标高进行编辑修改，才能符合单层小住宅项目的要求。

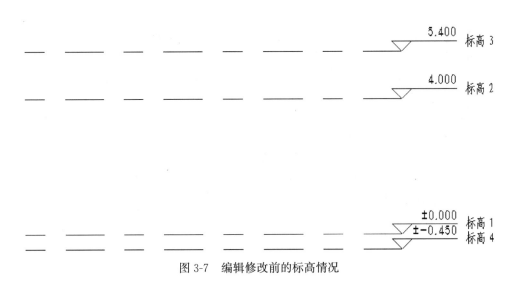

图 3-7　编辑修改前的标高情况

为了获得更好的图面表达，Revit 允许通过【类型属性】对话框统一控制标高的显示效果，也可以通过手动方式修改单个标高的显示。如图 3-8 所示，标高作为一个基准图元，由标高线、标头、标高名称、标高值四部分组成，同时还有显示/隐藏、折线效果、对齐解锁等操作开关。

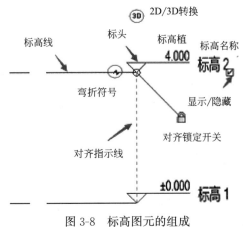

图 3-8　标高图元的组成

（1）类型设置

选中"标高 2"图元，"属性"面板上的类型选择器显示其类型为"上标头"，单击【编辑类型】按钮，打开【类型属性】对话框。如图 3-9 所示，在对话框中可以设置标高显示的线宽、颜色、样式以及端点符号显示控制等。

勾选"端点 1、2 处的默认符号"，点击【确定】按钮完成修改，关闭"类型属性"对话框，得到新的标高显示效果，如图 3-10 所示。

【提示】"标高 3"和"标高 2"一样，同属"上标头"类型，故可获得批量修改的效果。

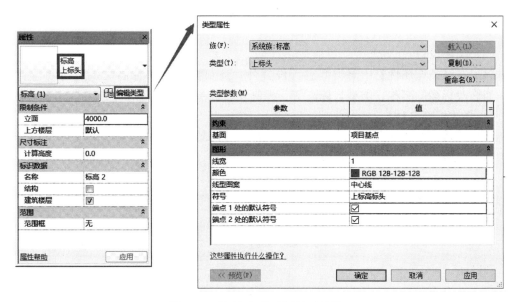

图 3-9　"标高"类型属性对话框

图 3-10　修改"上标头"类型

同理，选中"标高 1"图元，"属性"面板上的类型选择器显示其类型为"正负零标高"，将其设置为两端显示，如图 3-11 所示。

图 3-11　修改"正负零标高"类型

> 【**提示**】"标高4"是复制"标高1"创建的，继承了"标高1"的类型。

（2）实例设置

除了在【类型属性】中对类型进行设置外，还可以对每个标高实例进行个性化的设置，如修改标高的名称、类型、标高值、控制左右标头的显示及对齐等。

1）修改标高名称

将光标移动至"标高1"名称上，出现矩形框时，单击鼠标左键，在文本框中输入新名称"室内地面"，如图3-12所示。

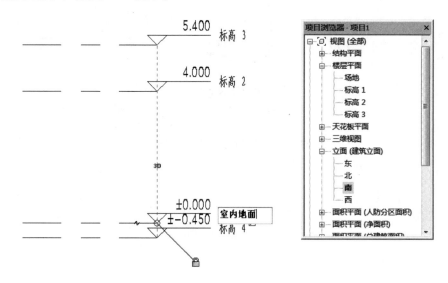

图 3-12　修改标高名称

完成文本输入后按【Enter键】，会弹出提示"是否希望重命名相应视图？"，单击【是】按钮，则在更改标高名称的同时，对应的平面视图名称也会进行更改，如图3-13所示。单击【否】按钮，则只修改标高名称，不会修改平面视图的名称。

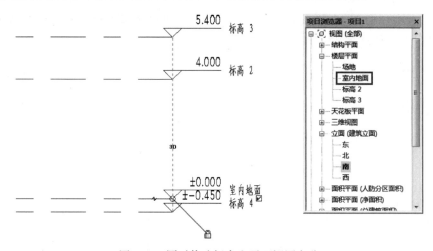

图 3-13　同时修改标高和平面视图名称

如图 3-14 所示，重复上述操作，将标高名称分别修改为"屋面""挑檐口"和"室外地面"。

图 3-14　完成标高名称的修改

2）选择标高类型

选中"室外地面"标高线后，单击【属性】面板中的【类型选择器】下拉三角符号，将标高类型切换为"下标头"，如图 3-15 所示。

图 3-15　选择标高类型

同样，选中"室外地面"标高线，勾选标高左标头的"显示编号"复选框如图 3-16 所示。

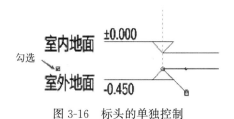

图 3-16　标头的单独控制

3）修改标高数值

点击"屋面"标高线的数值"4.000"，如图 3-17 所示输入"3.2"，按【Enter 键】确认，可以将标高值改为 3.200。

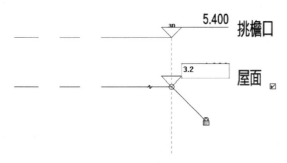

图 3-17　直接修改"屋面"标高

除了直接修改标高值，还可以利用临时尺寸进行修改。单击"屋面"标高线，在"屋面"和"挑檐口"标高线之间出现临时尺寸，如图 3-18 所示，点击临时尺寸的数值，在文本框中输入"300"。

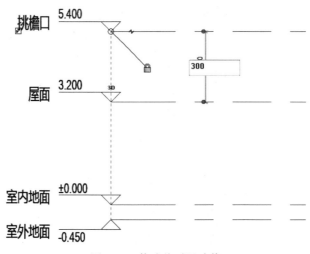

图 3-18　修改临时尺寸值

按【Enter 键】确定，完成对标高值的修改，如图 3-19 所示。

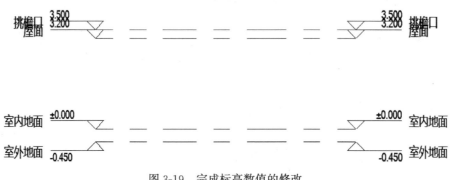

图 3-19　完成标高数值的修改

【提示】建筑工程项目中标高以"m"为单位，尺寸以"mm"为单位。

4）调整标头的位置

由于"屋面"和"挑檐口"两条标高线相距比较近，出现互相遮盖的情况，可以通过标高图元开关进行调整。

拾取要调整的标高线，在标高线上点击"添加弯头"图标，标高线变为折线，如图 3-20 所示。

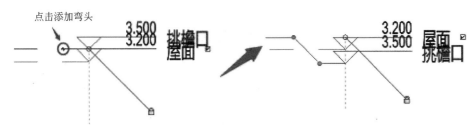

图 3-20　添加标高弯折

继续拖拽圆点向上或向下，移动到合适位置后松开鼠标，完成调整，如图 3-21 所示。

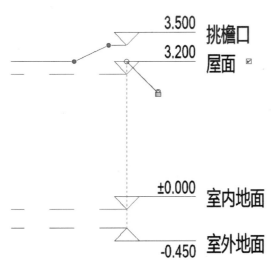

图 3-21　手动调整标高弯折

【提示】当拖动两个实心圆点重叠时，标高会取消弯折。

3.1.2　添加楼层平面

经过上述操作完成单层小住宅项目的标高绘制，仔细观察标头，有蓝色和黑色两种。打开"项目浏览器"的"楼层平面"视图，如图 3-22 所示，蓝色标头的标高有对应的楼层平面，黑色标头的则没有。

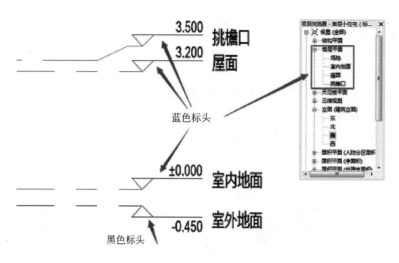

图 3-22　标高标头颜色与楼层平面视图的对应

【提示】Revit 中项目样板预设标高和直接绘制的标高都默认有对应的楼层平面视图，而使用"复制"和"阵列"工具创建的新标高，其对应的楼层视图不会自动生成。

如果要生成"室外地面"楼层平面，可以单击【视图】选项卡→【平面视图】→【楼层平面】命令，弹出"新建楼层平面"对话框，从下面的列表中选择"室外地面"，单击【确定】，手动添加完成，如图 3-23 所示。

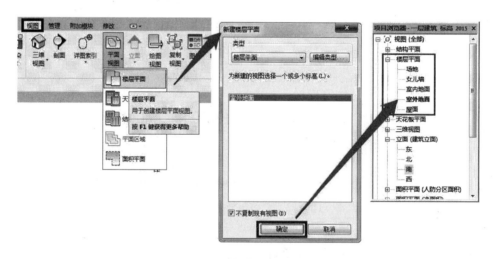

图 3-23　创建"楼层平面"

【提示】楼层平面创建完成后，相应的标高标头变为蓝色显示。
　　在工程实际中，并不是所有的标高都要生成楼层平面，如作为窗台、窗顶、屋檐等构件的定位基准时，并不需要生成相应的视图。

3.1.3　轴网的创建和编辑

1. 创建轴网

识读单层小住宅建筑图，根据项目的要求创建轴网，如图 3-24 所示。

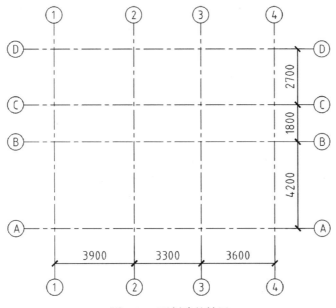

图 3-24　要创建的轴网

轴网的创建与标高相类似，同样有直接绘制、复制和阵列等方法。

（1）直接绘制轴网

在"项目浏览器"中展开"视图"→"楼层平面"，双击【室内地面】进入平面视图，如图 3-25 所示，有东、西、南、北四个立面标记。

图 3-25　平面视图中的立面标记

【提示】双击立面标记，可切换到对应的立面视图，当平面视图的显示范围超出立面标记时，可往外移动标记，保证建筑立面视图的完整性。

打开【建筑】选项卡，单击【基准】面板上的【轴网】按钮，展开【修改｜放置轴网】上下文选项卡，自动进入创建轴网模式。

在绘图区的合适位置单击鼠标左键一次，确定轴线的起点，垂直向上移动光标至合适位置后再次单击，完成1号轴线的绘制，轴号自动生成为"1"。

【提示】轴网的默认快捷键为GR，在移动光标的同时按住 Shift 键可锁定光标只能垂直或水平移动。

（2）复制轴网

可以采用【复制】工具快速地创建轴线 2、轴线 3 和轴线 4。

拾取轴线 1，调取【复制】工具，建议在选项栏中勾选【约束】、【多个】复选框，单击鼠标左键确定复制的起点，往右移动光标，分别输入数值"3900""3300""3600"，如图 3-26 所示，完成横向轴网的绘制。

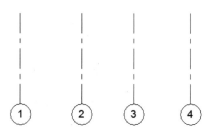

图 3-26　创建横向轴网

同样绘制第一条水平轴线，如图 3-27 所示，将轴号修改为"A"。

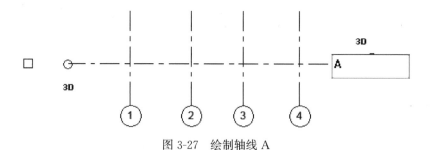

图 3-27　绘制轴线 A

拾取轴线 A，调用【复制】工具完成纵向轴网的绘制，如图 3-28 所示。

【提示】建筑平面图中横向轴线的编号是从左向右用阿拉伯数字编写；纵向轴线自下往上用大写拉丁字母编写的。在创建轴网时注意顺序，可充分利用软件的自动命名。

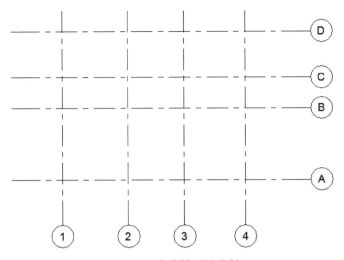

图 3-28　完成轴网的绘制

（3）阵列轴网

当要创建多个等距轴网时，可采用【阵列】，此处不再赘述。

2. 轴网的编辑

选中轴网，单击"属性"面板的【编辑类型】按钮，打开【类型属性】对话框，勾选"平面视图轴号端点"复选框单击【确定】，如图 3-29 所示，完成轴号显示的批量修改。

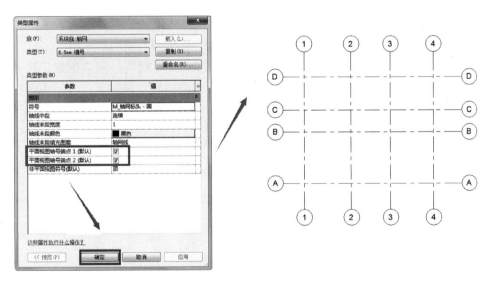

图 3-29　批量修改轴号的显示

轴网的编辑与标高相似，既可以通过【类型属性】对话框批量修改同一类型的轴网显示，也可以通过手动方式修改单个轴网的显示，其操作方法参考标高的编辑，此处不再赘述。

轴网是建筑平面的重要定位基准，为了避免对轴网的错误操作，从而影响到模型的创建，可以对绘制好的轴网进行锁定。选择整个轴网，单击【修改】面板中的【锁定】按钮，完成锁定，如图 3-30 所示，锁定的图元不能移动、删除，但不影响其他的操作。

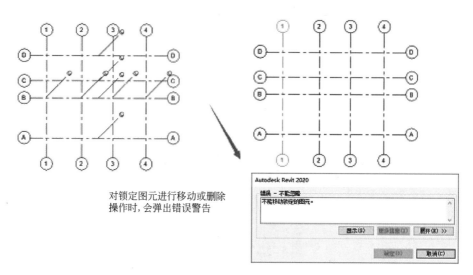

对锁定图元进行移动或删除
操作时，会弹出错误警告

图 3-30　锁定轴网

标高、轴网创建完成后，保存项目文件为"单层小住宅（标高轴网）.rvt"。

3.2　建筑基本构件的创建

房屋是由基础、墙（柱）、楼板、屋顶、楼梯和门窗等组成，此外还有台阶、雨棚等细部。本节我们以单层小住宅为例，学习建筑基本构件的创建和编辑。

Revit 直接采用构件快速创建出与真实工程一致的 BIM 模型，包含位置、尺寸、材料、构造等各种建筑信息。建模的过程也包括了这些信息的建立和输入。为了方便初学者理解 Revit 建模的流程和方法，理解各图元的逻辑关系，本项目凡涉及的材料和构造直接采用默认或常规做法。创建构件主要有以下几个步骤：

1. 确定工作平面；
2. 调用构件创建工具；
3. 选择构件类型；
4. 设置构件实例属性；
5. 设置"修改│放置"选项栏；
6. 绘制和编辑构件。

3.2.1　墙体的创建

墙体是建筑空间的承重、围护、分隔构件，同时也是门窗、卫浴灯具等构配件的承载体，是建筑模型的主体图元。在创建门窗等构件前，必须先创建好墙体。

识读单层小住宅建筑图，提取墙体的创建要求。如图 3-31 所示，是项目墙体的平面示意。

数字资源3-1

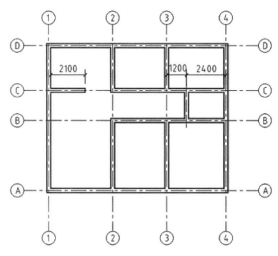

图 3-31　墙体的平面示意

1. 确定工作平面

打开"单层小住宅（标高轴网）. rvt"文件，切换到平面视图"室内地面"。

2. 调用墙体创建工具

Revit 在【建筑】选项卡的【构建】面板中提供了创建墙体的工具，点击【墙】下拉按钮展开墙体工具，如图 3-32 所示，有建筑墙、结构墙、面墙、墙饰条、墙分隔条。

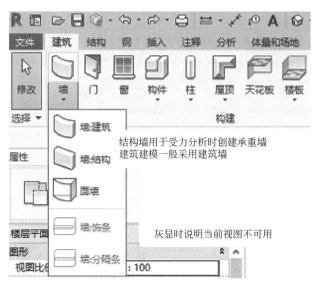

图 3-32　墙体的工具

点击【墙：建筑】，展开【修改 | 放置墙】上下文选项卡，如图 3-33 所示，进入墙体的创建界面。

3. 墙体类型的选择和复制

可以在"属性"面板中的"类型选择器"选择需要的墙体类型。但本项目墙厚 240，在类型选择器中没有合适的，需要通过复制原有墙类型创建新的墙体。

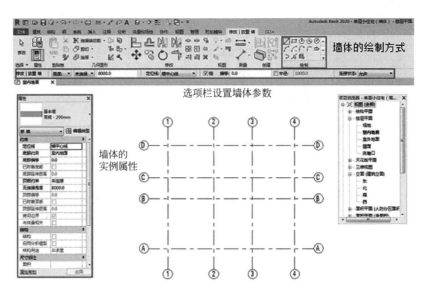

图 3-33　创建墙体的操作界面

如图 3-34 所示，点击【编辑类型】，打开"类型属性"对话框，选择"系统族：基本墙"→"常规－200mm"为蓝本，点击【复制】，在弹出的新建对话框中将名称命名为"常规－240mm"，点击【确定】按钮完成墙体类型的复制。

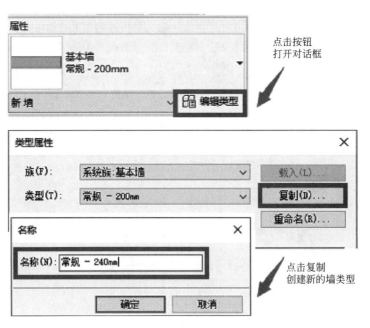

图 3-34　新建墙体类型

此时，新墙体沿用的还是旧的墙体厚度，如图 3-35 所示，点击参数"结构"右侧的【编辑】按钮，打开"编辑部件"对话框，将结构厚度改为"240"，点击【确定】返回"类型属性"对话框。

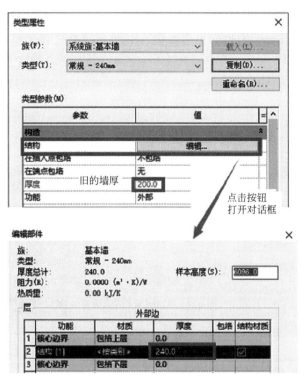

图 3-35 修改墙厚

在"类型属性"对话框中查看墙体厚度是否完成修改，如图 3-36 所示，检查无误后点击【确定】关闭"类型属性"对话框。

图 3-36 检查墙体厚度

4. 设置"修改│放置墙"选项栏

"修改│放置墙"选项栏中包含很多参数，根据项目要求和建模习惯进行设置，有些是自动生成的，如墙体高度值；有些是和实例属性联动的，如顶部约束选项等。如图 3-37 所示，设置好各项参数和选项。

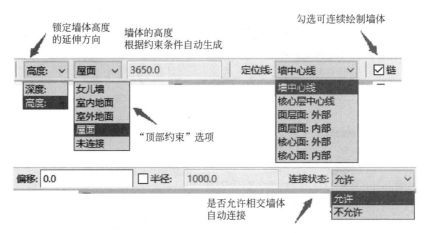

图 3-37 "修改│放置墙"选项栏

5. 设置墙体实例属性

确定墙体类型后，还需要设置每面墙的实例属性。如图 3-38 所示，在"实例属性"中，设置墙的定位线和高度方向约束，此处暂不考虑基础墙。

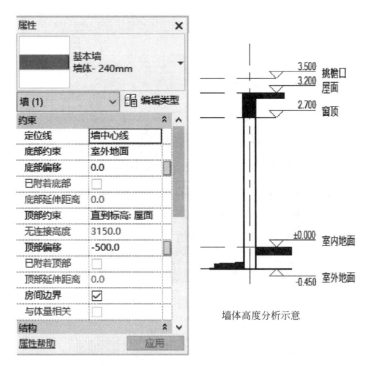

图 3-38 设置墙体实例属性

6. 绘制墙体

（1）利用轴网绘制墙体

调用【线】绘制工具，沿轴网绘制墙体，如图 3-39 所示。

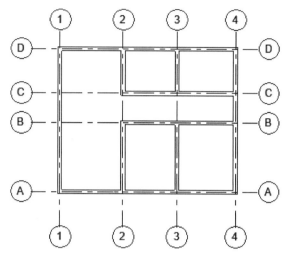

图 3-39 利用轴网绘制墙体

> **【提示】**完成一段连续墙体的绘制后，按下【Esc 键】可开始另一段的绘制。

（2）使用参照平面绘制墙体

从图上可知，卫生间墙体中心线距离④轴 2400，我们可以选择使用参照平面的方法进行定位。如图 3-40 所示，在【建筑】选项卡中点取【工作平面】面板上的【参照平面】按钮，展开【修改｜放置 参照平面】上下文选项卡。

图 3-40 调取"参照平面"工具

调用【线】绘制工具，在 3 轴和 4 轴中间任意画线，修改临时尺寸，如图 3-41 所示，完成参照平面的绘制。在键盘上按两次【Esc 键】，收回【修改｜放置 参照平面】上下文选项卡。

在【建筑】选项卡中，再次点击【墙】→【墙：建筑】，展开【修改｜放置墙】上下文选项卡，进入墙体的创建界面。调用【线】绘制工具，沿参照平面绘制墙体，如图 3-42 所示。

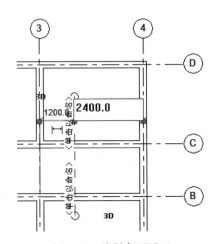

图 3-41　绘制参照平面

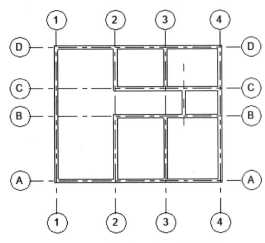

图 3-42　利用参照平面绘制墙体

【提示】【墙：建筑】的默认快捷键为 WA。

（3）利用捕捉绘制墙

客厅与餐厅的间隔墙可利用"捕捉"直接绘制。进入墙体的创建界面，调用【线】绘制工具，如图 3-43 所示，从左向右绘制墙体，当出现临时尺寸值为 2100 时，点击鼠标左键完成绘制。

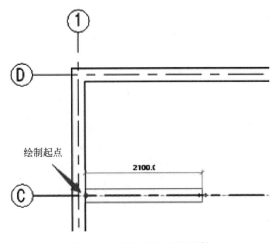

图 3-43　利用捕捉绘制墙体

在"项目浏览器"中展开"视图"→"三维视图"，双击【三维】进入三维视图，如图 3-44 所示，项目的墙体已全部创建完成。

7. 编辑墙体

在建筑建模中，当构件创建完成后，还可以选中构件实例，自动进入修改界面，修改构件类型、实例属性、形状尺寸等。例如，设计后期考虑实际使用需求，希望获得更大的使用空间，将客厅与餐厅的间隔墙改为"常规—150mm 砌体"。如图 3-45 所示，选中要更

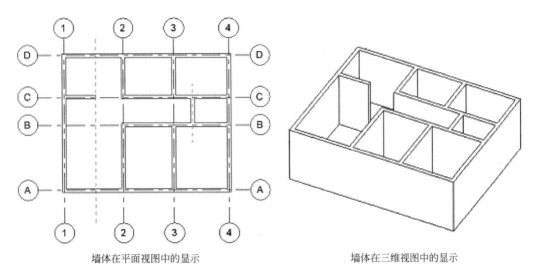

墙体在平面视图中的显示　　　　　　　　墙体在三维视图中的显示

图 3-44　完成墙体的创建

改的墙体，在"属性"面板中点击"类型选择器"的下拉符号，在弹出的"类型列表"中选择需要的类型，快速完成墙体类型的变更。墙体创建完成后，将文件另存为"单层小住宅（墙体）.rvt"。

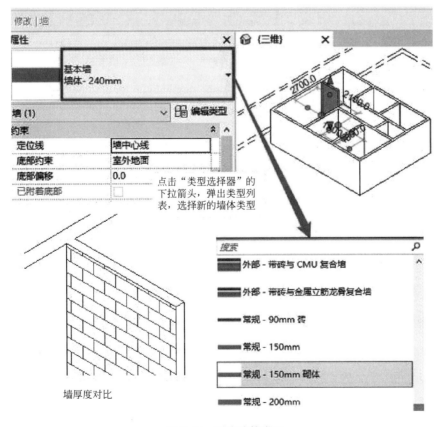

图 3-45　更改墙体类型

3.2.2　添加窗

根据实际工程中的逻辑关系，Revit 将门窗设定为依附在墙体或屋顶上的构件，可以自动识别墙体、屋顶等主体图元。当删除墙体时，墙体上的门窗也随之被删除，这种依赖于主体图元而存在的构件称为"基于主体的图元"。

数字资源3-2

在 Revit 建模时，可以直接放置已有的门窗类型，也可以复制原有的门窗类型，修改其参数，如宽度、高度和材质等形成新的门窗类型。

识读单层小住宅建筑图，提取相关工程信息进行窗的创建。

1. 确定工作平面

打开"单层小住宅（墙体）.rvt"文件，切换到平面视图【室内地面】。虽然门窗在平面、立面和三维视图中都可以操作，但平面上的操作还是较为方便些。

2. 调用窗的添加工具

Revit 在【建筑】选项卡的【构建】面板中提供了添加窗体的工具，点击【窗】按钮，展开【修改│放置窗】上下文选项卡，如图 3-46 所示，进入添加窗的界面。

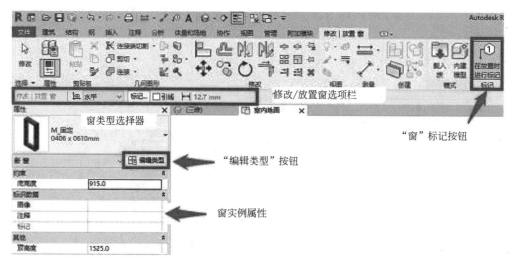

图 3-46　添加窗界面

3. 窗类型的选择和复制

点击"类型选择器"的下拉箭头，发现选择器中只有"固定窗"类型，不适合小住宅项目的要求，需要载入新的窗类型。点击【编辑类型】按钮，打开"类型属性"对话框，点击【载入】，如图 3-47 所示，弹出文件夹对话框。

按路径"建筑"→"窗"→"普通窗"→"组合窗"打开文件夹，如图 3-48 所示，点击某个窗，可在右侧的预览窗口观察窗的样式。

推荐选择"组合窗-双层单列（推拉＋固定＋推拉）"，双击完成加载，返回到"类型属性"对话框，如图 3-49 所示，点击类型的下拉箭头，查看到新载入的窗族下有四种尺寸的窗类型。

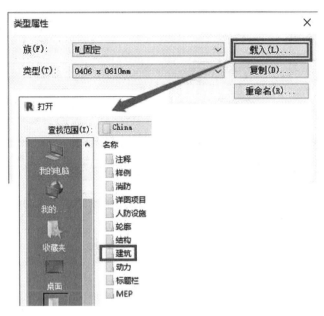

图 3-47　载入窗

图 3-48　选择要载入的窗

为方便建模和门窗构件数量统计，在添加门窗前要统一门窗类型名称。如，"C1"的尺寸为 2100×1800mm，虽然载入的窗类型中有符合尺寸要求的，但不建议直接使用。

如图 3-50 所示，选中族"组合窗-"中的类型"2100×1800mm"，点击【复制】，在弹出的对话框中输入"C1-2100×1800mm"，点击【确定】，完成复制窗类型。

根据项目要求，修改窗的类型参数，完成后点击【确定】，如图 3-51 所示，退出"类型属性"对话框，完成 C1 窗的设置。

按同样的方法，复制窗类型"C2-1500×1800mm""C3-1800×1800mm""C4-1200×1800mm""C5-900×1500mm"，注意窗的尺寸参数、类型标记、窗台高等参数的设置。

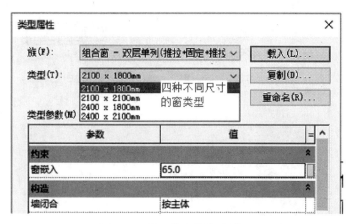

图 3-49　载入的窗族与窗类型

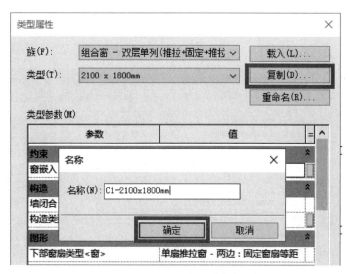

图 3-50　复制新的窗类型

【提示】C5 窗的窗台高度为 1200。

4. 添加窗

　　复制好所需的窗户类型后，返回到添加窗界面。在"属性"面板的"类型选择器"中选取"C1-2100×1800mm"，按下"窗"标记按钮，检查实例属性中的参数是否需要修正，如图 3-52 所示，建模时充分考虑各种参数设置，养成良好的习惯，能提高速度和准确性，避免后期大量的调整修改工作。

　　在"添加窗"状态下，光标在绘图区域没有触碰到墙体时，没有检测到有效的主体图元，光标显示为"不可用"。如图 3-53 所示，将光标移到要放置 C1 窗的墙体，在大致位置处单击鼠标左键，完成添加 C1 窗的操作。

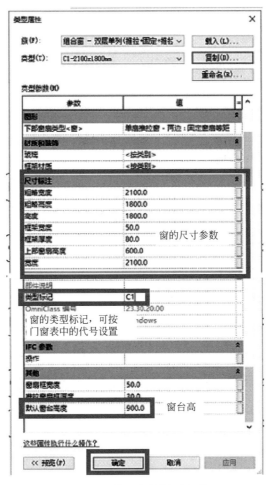

图 3-51　设置窗的类型参数

5. 编辑窗户

（1）调整窗的平面放置位置

点击选中 C1 窗，此时会出现窗位置的临时尺寸和控制点，可以通过修改临时尺寸来调整窗的位置。如图 3-54 所示，单击临时尺寸中间的蓝色控制点，尺寸界线自动调整至窗边位置，将窗右侧与轴线的距离值修改为"900"，完成 C1 窗的位置调整。

数字资源3-3

重复以上的操作，添加其他窗，并调整好位置，完成全部窗构件的放置。打开三维视图，直观检查窗的放置结果，如图 3-55 所示。

【提示】【窗】的默认快捷键为 WN。

在放置门窗构件前，建议点击打开"在放置时进行标记"按钮开关，放置门窗时会自动插入代号进行标记显示，若未打开按钮，则要在后期单独操作放置。可以展开【注释】选项卡→【标记】→【按类别标记】或者【全部标记】，点选需要添加标记的门或窗。

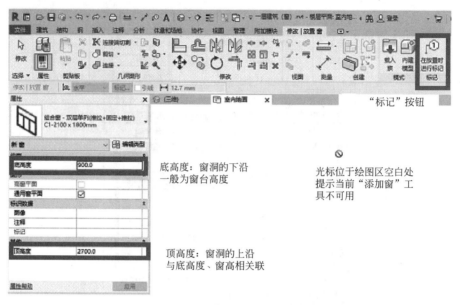

图 3-52　检查窗类型、实例参数、标记设置

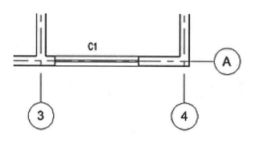

图 3-53　完成 C1 窗的添加

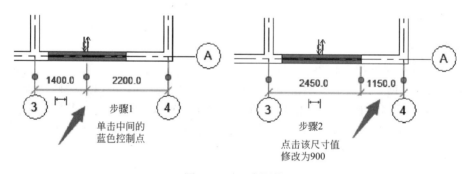

图 3-54　C1 窗调整

（2）调整窗的高度位置

窗的编辑可以在不同的视图中进行。例如，切换至立面视图后，单击要修改的窗户，同样可以通过修改临时尺寸标注值调整窗台高度等，并能直接地观察到结果，如图 3-56 所示。

【提示】要修改窗的底高度，也可以在"属性"选项板中调整相应的参数，Revit 提供了丰富的修改工具和编辑途径，使模型的创建更为灵活、合理。

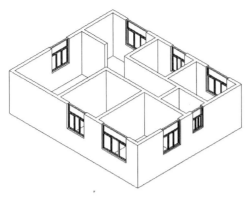

图 3-55　完成窗的放置

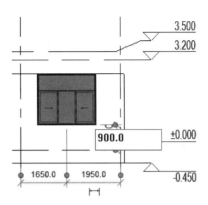

图 3-56　立面视图中编辑窗台高度

（3）更改窗的类型

检查模型时发现，卫生间窗显得有些不协调，查看门窗表可知 C5 窗 900mm 宽，分划成三扇窗扇，显然不太合理；同时业主提出希望卫生间的窗台高度为 1500mm。综合考虑后，C5 窗的修改要求如下，见表 3-1。

数字资源3-4

C5 窗修改要求（mm）　　　　　　　　　　　　　　　　　　　　表 3-1

门窗修改通知				
代号	宽度	高度	底高度	说明
C5	900	1200	1500	双扇推拉窗

为了更直观地观察模型的变化，可以先切换到三维视图，点击选中卫生间窗，展开【修改｜窗】上下文选项卡。点击"属性"面板上的"编辑类型"按钮，在弹出的"类型属性"对话框中，点击【载入】按钮，如图 3-57 所示。

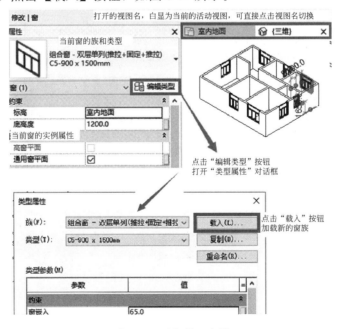

图 3-57　重新载入窗族

在弹出的“打开文件夹”界面中，按路径“建筑”→“窗”→“普通窗”→“推拉窗”打开文件夹，双击“推拉窗 6”，返回“类型属性”，如图 3-58 所示，点击【复制】，在弹出的对话框中输入“C5-900×1200mm”，点击【确定】，完成复制。

类型属性
族(F):
推拉窗6
载入(L)...
类型(T):
1200 x 1500mm
复制(D)...
重命名(R)...
类型参数(M)
名称
名称(N):
C5-900 x 1200mm
确定
取消

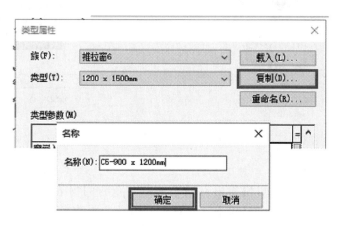

图 3-58　复制新的推拉窗类型

在“类型参数”中设置窗 C5-900×1200mm 的类型参数，如图 3-59 所示。

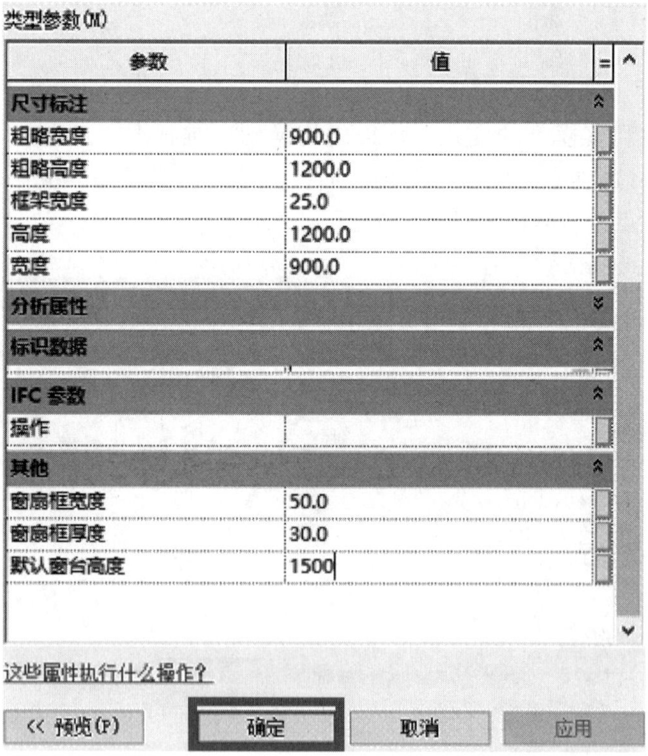

类型参数(M)
参数
值
尺寸标注
粗略宽度
900.0
粗略高度
1200.0
框架宽度
25.0
高度
1200.0
宽度
900.0
分析属性
标识数据
IFC 参数
操作
其他
窗扇框宽度
50.0
窗扇框厚度
30.0
默认窗台高度
1500
这些属性执行什么操作?
<< 预览(P)
确定
取消
应用

图 3-59　设置 C5-900×1200mm 的类型参数

点击【确定】，关闭“类型属性”对话框。此时 Revit 会弹出警告对话框，如图 3-60 所示，提示“图元具有重复的类型标记”。这是因为新旧两个卫生间窗的“类型标记”命名重复，此处可忽略，点击【确定】，返回视图界面。

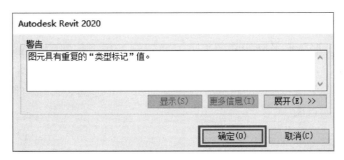

图 3-60 "重复的类型标记"警告对话框

切换到东立面，观察卫生间窗是否已更新。点选 C5 窗，检查"实例属性"的设置是否合适，是否要作修改。如图 3-61 所示，为更新后的参数和模型。

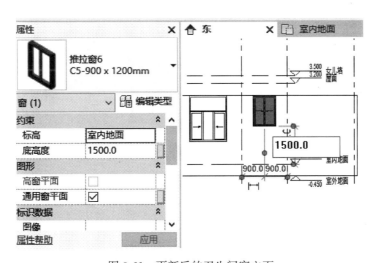

图 3-61 更新后的卫生间窗立面

再次切换视图至"室内地面"平面视图，发现没有显示 C5 窗，将光标靠近窗的位置，会有蓝显的窗洞出现，如图 3-62 所示。

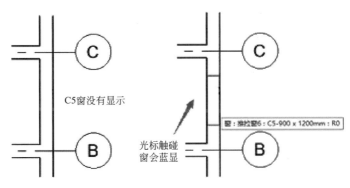

图 3-62 更新后的卫生间窗平面

原来 Revit 的视图表达是采用建筑制图标准的。楼层平面是假想用一个水平的剖切平面沿门窗洞的位置将房屋剖开，移去上面部分，向水平投影面作正投影所得的水平剖面，一般默认水平剖切面的位置取在楼层上方 1200mm 左右。而变更后 C5 窗的窗台高为 1500mm，整个洞口都在水平剖切面的上方，在建筑工程上称之为高窗。可以在属性选项板中将其修改成高窗的表达方式，如图 3-63 所示，点击选中 C5 窗，将"实例属性"选项中的"通用窗平面"复选框的勾选去掉，"高窗平面"复选框会自动勾选上，C5 窗就以高窗的形式显示在平面视图中。

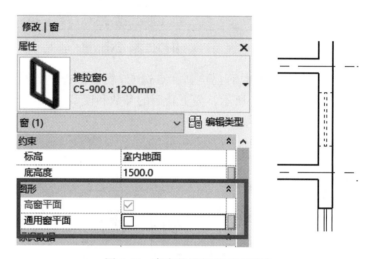

图 3-63　高窗的设置和平面显示

窗添加完成后，将文件另存为"单层小住宅（窗）.rvt"

3.2.3　添加门

识读单层小住宅建筑图，提取需要添加的门信息如表 3-2 所示。

门的工程信息

表 3-2

代号	宽度	高度	开启类型	说明
M1	1500	2700	平开门	双面嵌板木门 1
M2	800	2100	平开门	M ___单扇—与墙齐
M3	700	2100	平开门	M ___单扇—与墙齐

打开"单层小住宅（窗）.rvt"文件，根据建筑图和门表，调用【门】工具选择和复制所需的门类型并在模型中添加门，具体操作参见窗的操作，在此就不再赘述。

在添加门窗时，往往需要确定构件的开启方向。如平开门的开启方向有左右、内外之分，放置平开门时，光标靠近内墙面门扇向内，光标靠近外墙面门扇向外，同时按"空格键"可切换门扇的左右方向。当已添加的门窗需要调整时，可选中要编辑的实例构件，直接点击蓝显的翻转箭头开关即可，如图 3-64 所示。

完成添加后，打开三维视图，直观检查门的放置结果，如图 3-65 所示。

门添加完成后，将文件另存为"单层小住宅（门）.rvt"。

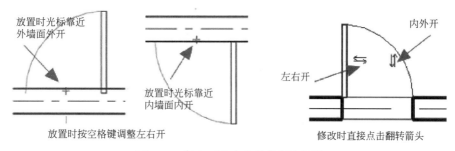

图 3-64   门窗开启方向的控制和调整

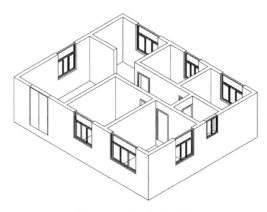

图 3-65   完成门的放置

3.2.4   添加梁

数字资源3-5

梁柱是建筑模型中的主体结构单元。本项目为砖混结构，设有圈梁与屋面板整体浇筑，梁宽同墙厚，梁高设定为窗顶至屋面高 500。

1. 确定工作平面

打开"单层小住宅（门）.rvt"，切换至楼层平面"屋面"，墙体和门窗等构件位于屋面标高之下，在视图中灰色显示。如图 3-66 所示，对比一下不同视图的显示。

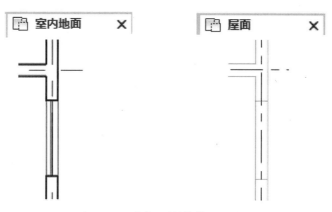

图 3-66   不同视图的构件显示对比

2. 调用创建工具

打开【结构】选项卡，单击【基准】面板上的【梁】按钮，展开【修改|放置梁】上下文选项卡，自动进入创建梁模式。

3. 选择构件类型

在"类型选择器"中没有合适项目的梁类型，点击【编辑类型】按钮，在弹出的"类型属性"对话框中，点击【加载】按钮，载入新族，如图 3-67 所示。

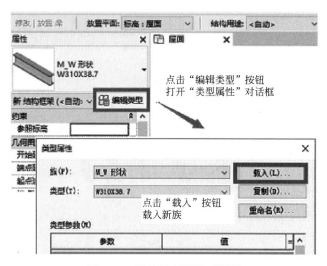

图 3-67 梁的类型属性对话框

在弹出的"打开文件夹"界面中，按路径"结构"→"框架"→"混凝土"打开文件夹，双击"混凝土-矩形梁"，返回"类型属性"，复制新类型，命名为"L-240×500mm"，修改梁截面尺寸，如图 3-68 所示，点击【确定】，完成梁类型的设置。

图 3-68 复制梁的类型

【提示】梁是结构构件，Revit 将其归在【结构】选项卡中，默认快捷键为 BM。

4. 设置构件实例属性和"修改｜放置"选项栏

在建筑建模时，一般可不考虑结构受力等情况，但要保证构件在模型中的占位准确。如图 3-69 所示，在实例属性和选项栏中设置好相关的参数。

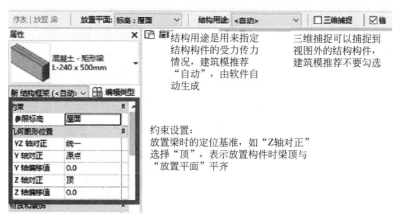

图 3-69　设置梁的实例参数

5. 绘制和编辑构件

完成参数设置后，调用【修改｜放置梁】上下文选项卡中的绘制、复制等基本工具放置梁，例如可以用【线】工具捕捉轴线交点直接绘制，完成后切换到三维视图检查模型。如图 3-70 所示，为梁完成后的情况。

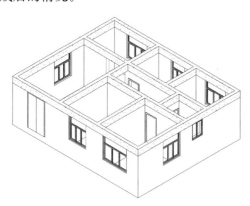

图 3-70　完成梁的创建

梁创建完成后，将文件另存为"单层小住宅（梁）.rvt"

【提示】在创建墙、门窗、梁等构件后，可以总结出 Revit 构件的创建流程如下：切换至合适的视图→调用相应的构件工具→选择、复制构件类型→设置实例参数→绘制、编辑构件。当然整个流程的步骤也不是一成不变的，具有很大程度的灵活性。例如，也可以先创建构件，再编辑修改其构件类型和参数等。

3.2.5　楼板的创建和编辑

楼板和墙体一样，都是模型的主体图元。在【建筑】选项卡中点击【楼板】下拉按钮查看，Revit 提供了四种工具，包括"楼板：建筑""楼板：结构""面楼板"和"楼板：楼板边"，如图 3-71 所示。

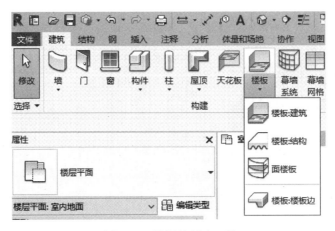

图 3-71　楼板的创建工具

工程中楼板是重要的水平承重构件，Revit 中采用【楼板：结构】建模时，需要设定结构承重关系，可以进行受力分析和配置钢筋等操作，首层地面、台阶、坡道等不需要配筋的构件则用【楼板：建筑】创建。为了简化参数的设置，建筑建模时可以先不区分，都采用建筑楼板，在后期需要时再进行转换。

打开"单层小住宅（梁）.rvt"，切换至楼层平面"室内地面"。打开【建筑】选项卡，点击【楼板】→【楼板：建筑】，展开【修改│创建楼层边界】上下文选项卡，如图 3-72 所示，自动进入创建楼板模式。

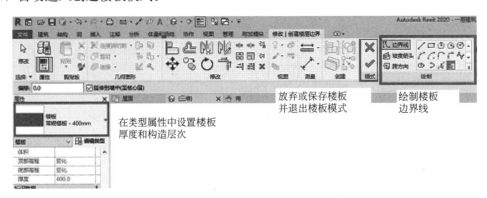

图 3-72　楼板的绘制界面

从建筑构件形状来分，墙体和楼板都属于面构件，但在 Revit 中对这两种构件的创建采用了不同的方式。创建墙体用的是画线的方式：先设置墙的厚度、高度，然后用画线的方法创建墙；楼板则采用了轮廓的方式，先设置楼板的厚度，然后画出水平边界线来创建楼板。

识读单层小住宅建筑图，提取地面要求如表 3-3 所示。

地面　　　　　　　　　　　　　　　　　　　　　　　　　　表 3-3

名称	厚度	标高	适用范围
常规楼板—150mm	150	± 0.000	厅房
常规楼板—120mm	120	-0.030	厨房卫生间
常规楼板—100mm	100	-0.350	散水

1. 新建构件类型

首先点击"属性"面板上的【编辑类型】按钮，弹出"类型属性"，选择"常规楼板—400mm"，复制新的楼板类型，命名为"常规楼板—150mm"，如图 3-73 所示。

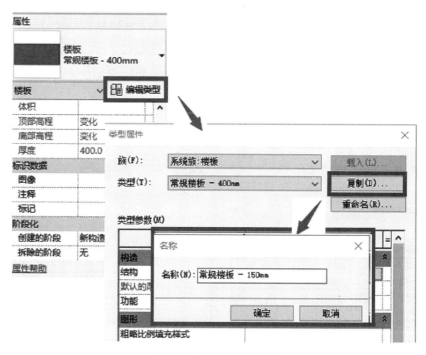

图 3-73　复制楼板类型

点击"类型属性"中的"结构"参数右侧的编辑按钮，修改楼板的结构厚度为 150，如图 3-74 所示，完成"常规楼板—150mm"的设置。

重复以上步骤，同样复制新建"常规楼板—120mm""常规楼板—100mm"的设置，点击【确定】按钮完成楼板构件的类型复制。

2. 创建楼板

（1）创建厨房、卫生间地面

选择"常规楼板—120mm"楼板用于创建厨房卫生间地面，设置"实例属性"中的约束条件，其中标高选"室内地面"，高度偏移值为"—30"；沿厨房、卫生间内墙面绘制楼板的边界轮廓，如图 3-75 所示。完成后点击【修改｜创建楼层边界】上下文选项卡中的【√】图标，退出草图编辑模式创建楼板。

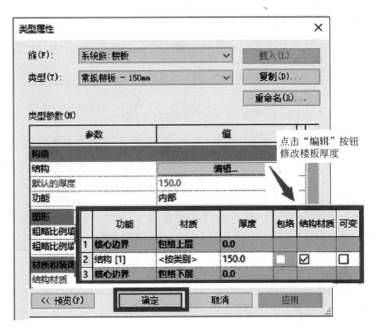

图 3-74　修改楼板厚度

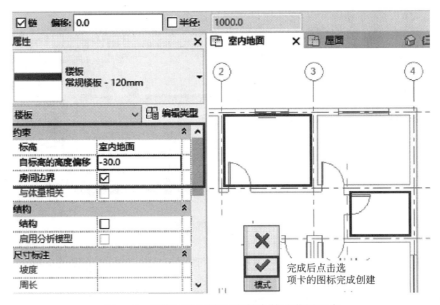

图 3-75　厨房卫生间地面实例参数和草图示意

【提示】楼板的边界必须是闭合的环，且轮廓线不能相交或重合，同一草图下楼板的约束条件必须是一致的，所以要将厅房地面和卫生间的地面分开创建。

（2）创建厅房地面

重复上面的步骤创建厅房的地面。

调用【楼板：建筑】工具，在"类型选择器"中选择"常规楼板－150mm"，约束条件中的"自标高的高度偏移值"设置为"0",其余参数不变,如图 3-76 所示,沿内墙面绘制楼板的边界轮廓,完成后点击【√】图标,退出草图编辑模式,创建厅房地面。

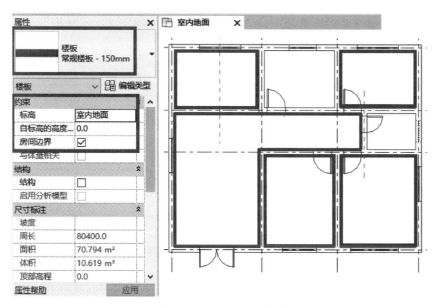

图 3-76　厅房地面的实例参数和草图示意

【提示】承重墙要往下延伸至基础,不能被截断,所以在绘制地面边界轮廓草图时,要注意绕开墙体,每个房间地面都是封闭的轮廓草图。

在建模过程中需要经常检查创建的结果,合理地使用绘图区下方的视图控制栏控制模型的显示,可以更直观方便地观察模型。切换到三维视图,如图 3-77 所示,是三维视图中采用【隔离类别】状态下显示的室内地面情况。

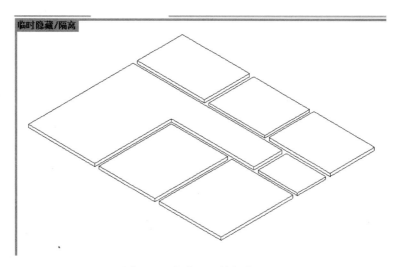

图 3-77　室内地面楼板的显示

【提示】随着模型创建的构件越来越多，往往在光标靠近图元时蓝显的并不是需要选择的对象，这时可以按键盘上的【Tab 键】，在几个重叠或相近的图元之间轮流切换蓝显，方便选择需要的图元。

（3）创建散水

取消图元的"临时隐藏/隔离"，切换至"室外地面"平面视图，重复上面的步骤创建散水。

数字资源3-6

调用【楼板：建筑】工具，在"类型选择器"中选择"常规楼板－100mm"，约束条件中标高选"室外地面"，"自标高的高度偏移值"设置为"100"，如图 3-78 所示，沿外墙面和距离外墙面 600 处绘制散水的边界轮廓，完成后点击【√】图标，退出草图编辑模式。

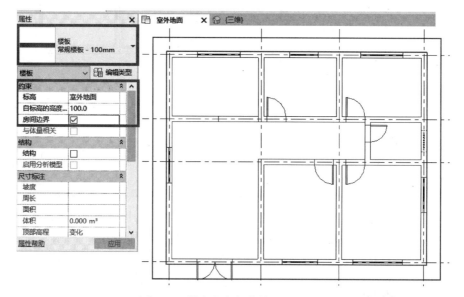

图 3-78　散水的实例参数和草图示意

分别在"室内地面"和"三维视图"中观察模型，如图 3-79 所示。

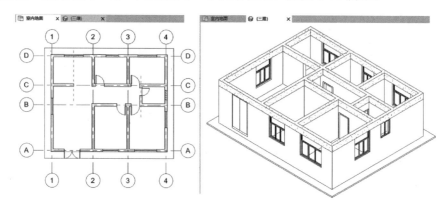

图 3-79　完成散水的创建

【提示】需要重复调用同一工具时，可按【Enter 键】重复上一次命令，也可以单击鼠标右键，在弹出的快捷菜单中选择重复命令。

3. 编辑楼板

Revit 的构件编辑功能是十分强大的，可以修改构件的类型、尺寸、定位等，修改编辑实际上也是创建模型的一种重要手段。下面以散水为例，介绍楼板的编辑操作，而这些编辑方法，对其他构件也是适用的。

（1）编辑散水形状

检查模型发现，实际上出入口处设有三级台阶，所以散水应该在此处断开。切换至"室内地面"视图，选中散水，在选项卡上点击【编辑边界】按钮，进入【修改│楼板＞编辑边界】模式，如图 3-80 所示，返回草图模式。

数字资源3-7

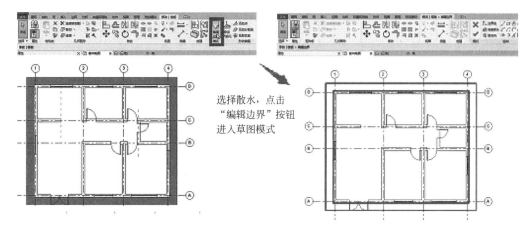

选择散水，点击"编辑边界"按钮进入草图模式

图 3-80 返回散水的草图模式

在草图模式中将出入口处台阶位置处的散水边界轮廓断开，如图 3-81 所示。

完成后点击【√】图标按钮，退出草图模式完成编辑。切换到三维视图，修改散水后的模型如图 3-82 所示。

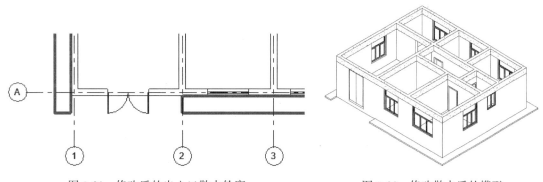

图 3-81 修改后的出入口散水轮廓   图 3-82 修改散水后的模型

（2）利用"形状编辑"工具添加散水的坡度

散水的作用是迅速排走外墙脚附近的雨水，避免雨水冲刷或渗透到地基，防止基础下沉，因此需要设置排水坡度。项目的散水宽为 600mm，坡度 5％。计算可知其高度差为 30mm。

同样的，切换到"室外地面"视图，选中散水，展开【修改｜楼板】上下文选项卡，最右侧是"形状编辑"面板，如图 3-83 所示。

图 3-83　"形状编辑"面板

Revit 在"形状编辑"面板上提供了几种小工具，方便对"面构件"进行编辑，这些工具对屋顶也是适用的。点击【修改子图元】，散水的边界轮廓线变成绿色粗虚线，在边界轮廓线的转角都有一个操控点，如图 3-84 所示，将靠近墙脚面的散水边的高度提高 30mm，即可获得排水坡度。

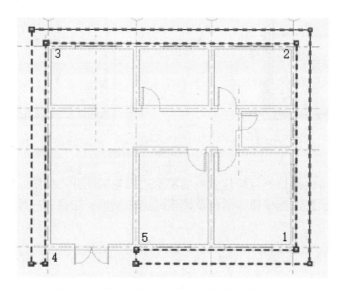

图 3-84　"修改子图元"模式下的散水轮廓显示

如图 3-85 所示，依次将控制点 1、2、3、4、5 的标高的高度控制值设置成"30"，全部修改完成后，按【Esc 键】退出。

切换到三维视图，设置散水坡度后的模型如图 3-86 所示。

4. 创建室外台阶

Revit 提供了几种常用的台阶构件，可以直接调用。但要注意的是，Revit 台阶的材料默认是混凝土，借用【梁】的工具载入和创建。

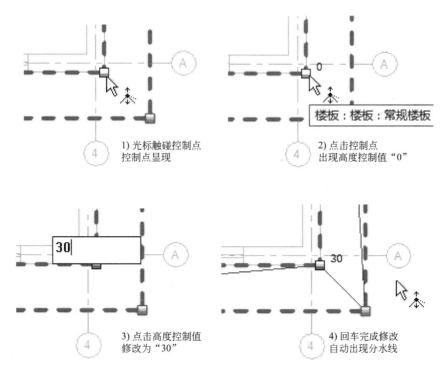

1) 光标触碰控制点
控制点显现

2) 点击控制点
出现高度控制值"0"

楼板：楼板：常规楼板

3) 点击高度控制值
修改为"30"

4) 回车完成修改
自动出现分水线

图 3-85　修改控制点高度值的操作

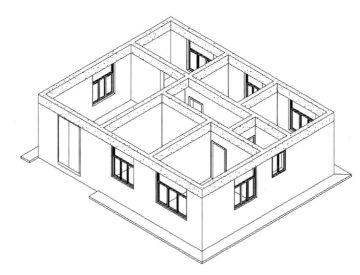

图 3-86　设置散水坡度的模型

（1）载入台阶构件

切换至"室外地面"，在【结构】选项卡上点击【梁】，展开→【修改│放置梁】上下文选项卡，点击【载入族】按钮，弹出文件夹对话框，依次双击"结构"→"框架"→"混凝土"打开文件夹，如图 3-87 所示。

选中"室外入口踏步－3 级"，可在右侧的预览窗口观察构件，如图 3-88 所示双击载入项目。

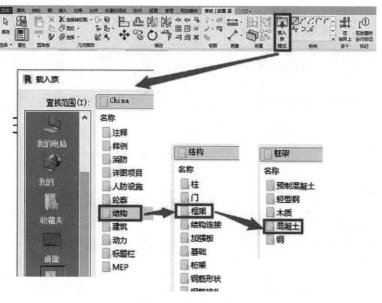

图 3-87　载入台阶

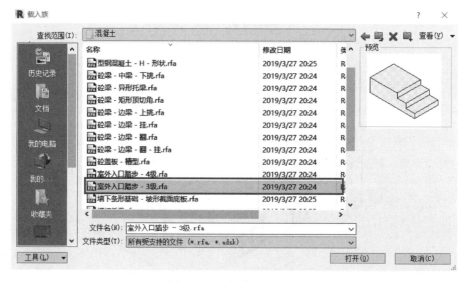

图 3-88　选择载入的台阶

（2）复制新类型

在"属性"面板上点击【编辑类型】，打开"类型属性"对话框，复制新的台阶类型命名为"台阶"，设置尺寸参数，如图 3-89 所示，点击【确定】完成。

（3）设置实例参数，绘制台阶放置路径

设置好约束条件，调用"线"工具绘制台阶路径 1500，直接生成台阶图元，可利用修改工具调整台阶的平面位置，如图 3-90 所示。

切换到三维视图，设置室外台阶后的模型如图 3-91 所示。

室内外地面创建完成后，将文件另存为"单层小住宅（室内外地面）.rvt"。

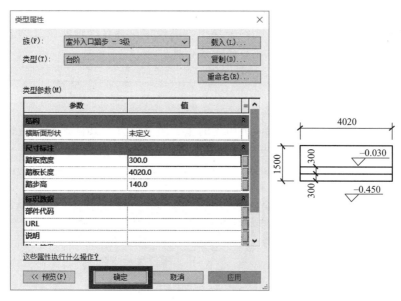

图 3-89　设置台阶类型参数

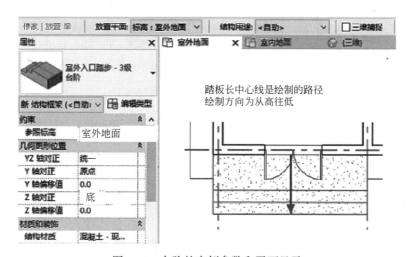

图 3-90　台阶的实例参数和平面显示

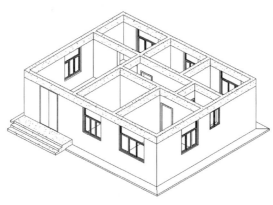

图 3-91　创建台阶的模型

【提示】Revit 自带的整体台阶构件模型种类较少，当台阶形状较复杂或有特殊要求时，可以通过楼板叠加或内建模型的方法创建。

3.2.6　屋顶的创建和编辑

屋顶是建筑最上部的围护结构，是房屋的重要组成部分。其样式和构造也是多种多样的，Revit 提供了多种创建工具。点击【建筑】选项卡上的【屋顶】下拉按钮，展开屋顶工具下拉菜单，如图 3-92 所示。

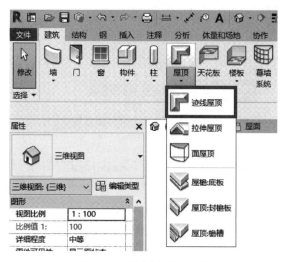

图 3-92　创建屋顶的工具

其中【迹线屋顶】一般用于创建常规屋顶，通过勾选和设置坡度值来绘制平屋顶和坡屋顶，下面使用"迹线屋顶"来介绍屋顶的创建方法。

打开文件"单层小住宅（室内外地面）.rvt"，切换到"屋面"视图。点击【建筑】→【屋顶】→【迹线屋顶】，展开【修改 | 创建屋顶迹线】上下文选项卡，如图 3-93 所示，进

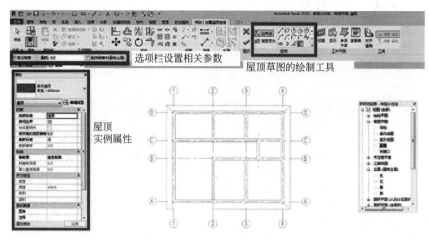

图 3-93　屋顶创建界面

入屋顶创建界面。

"迹线屋顶"和楼板的创建方法是一样的，也是先设置屋顶的厚度，然后画出水平边界线来创建屋顶。实例项目采用的是平屋顶挑檐，经分析考虑将其分解成平屋顶面板和檐口板两部分，如图 3-94 所示。

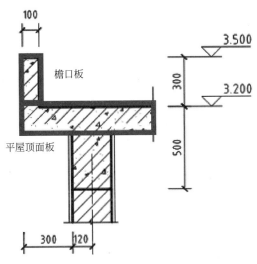

图 3-94　屋顶创建组成的分析

分析完成后，提取屋顶的创建信息如表 3-4 所示。

屋顶　　　　　　　　　　　　　　　　　　　　　　　　　　表 3-4

名称	厚度（mm）	顶部标高（m）	类型
屋面板－100	100	3.200	常规屋顶－100mm
檐口板－300	300	3.500	常规屋顶－300mm

1. 创建屋面板

点击"属性"面板上的【编辑类型】按钮，弹出"类型属性"，选择"常规屋顶－300mm"，复制新的屋顶类型，命名为"屋面板－100mm"，如图 3-95 所示。

数字资源3-10

点击"类型属性"中的"结构"参数右侧的编辑按钮，修改屋面板的结构厚度为 100mm，如图 3-96 所示，完成"屋面板－100mm"的设置。

设置实例参数和选项栏，如图 3-97 所示，捕捉外墙面绘制屋面板的轮廓草图。

【提示】约束条件中屋顶的底部标高选择"屋面"，所以要将"自标高的底部偏移"参数调整为－100。

创建平屋顶时，选项栏上不要勾选"定义坡度"；偏移值取 300，方便用"矩形"工具直接捕捉外墙面角点绘制草图，按"空格键"可切换偏移线的方向。

轮廓草图绘制完成后点击【修改 | 创建屋顶迹线】上下文选项卡中的【√】图标，创建屋顶面板，切换至三维视图，检查模型，如图 3-98 所示。

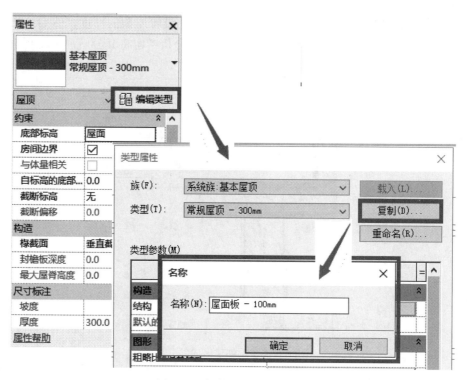

图 3-95 复制屋面板构件类型

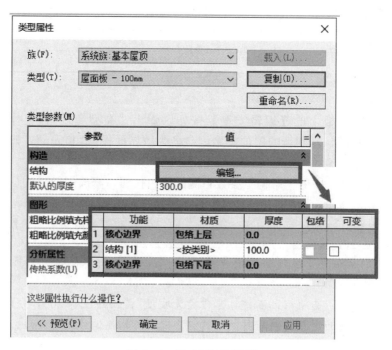

图 3-96 修改屋面板厚度

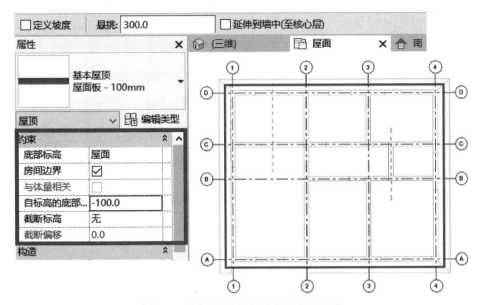

图 3-97　屋面板的设置参数和草图示意

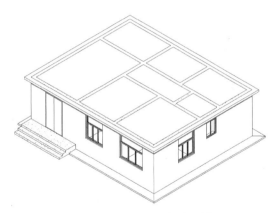

图 3-98　完成屋面板创建的模型

为了方便观察，建议打开三维视图中的剖面框，在"属性"面板中勾选"剖面框"，如图 3-99 所示。

点击"剖面框"，出现造型控制柄，拖曳控制柄可以控制模型的显示，如图 3-100 所示，放大视图可以清楚地查看到屋面板和梁重叠的情况。可以通过【连接】工具处理屋顶和梁的连接构造。

数字资源3-11

打开【修改】选项卡上，进入"修改"操作界面，点击【连接】按钮，勾选"多重连接"，如图 3-101 所示。

分别点选屋面板和梁发现是屋面板减去梁，调用【连接】下拉箭头→【切换连接顺序】工具，再次点选屋面板和梁，反转构件的连接顺序，如图 3-102 所示。

拖动剖面控制点，完整显示模型。按上面的操作将屋面板和梁的连接处理好，如图 3-103 所示。

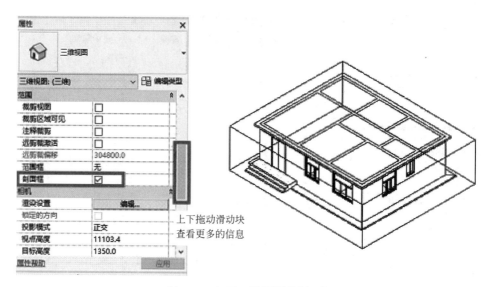

图 3-99　打开三维视图的剖面框

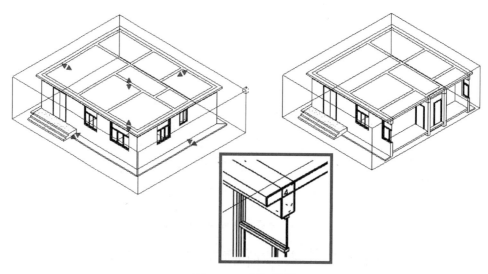

图 3-100　剖切模型

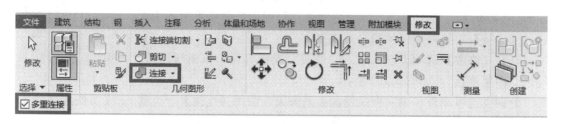

图 3-101　"连接"工具的调用

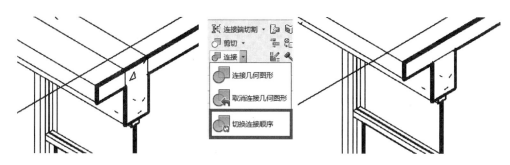

图 3-102　屋面板和梁的连接处理

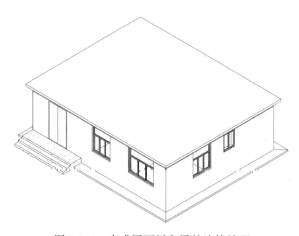

图 3-103　完成屋面板和梁的连接处理

【提示】合理使用剖面框的操作，可以方便查看模型的情况。不需要时在属性面板中去掉勾选即可关闭，也可以使用【图元隐藏】。

2. 创建檐口板

切换到"屋面"视图，点击【建筑】→【屋顶】→【迹线屋顶】，展开【修改 | 创建屋顶迹线】上下文选项卡。点击"属性"面板上的【编辑类型】按钮，弹出"类型属性"，选择"常规屋顶－300mm"，复制新的屋顶类型，命名为"檐口板－300mm"。设置实例参数和选项栏，如图 3-104 所示，绘制檐口板草图，分别是绘制屋面板外轮廓的矩形和向内偏移 100mm 的矩形。

数字资源3-12

轮廓草图绘制完成后点击【修改 | 创建屋顶迹线】上下文选项卡中的【√】图标，完成檐口板的创建，切换至三维视图，调用【连接】工具连接屋面板和檐口板，完成模型，如图 3-105 所示。

3. 编辑屋面板

雨篷是设在建筑物出入口或顶部阳台上方用来挡雨、挡风、防高空落物砸伤的一种建筑构件。单层小住宅在室外台阶上方设有雨篷，平面位置、形状和下方台阶相重合，板面与屋面平齐，是用屋面板外挑形成的，如图 3-106 所示。

数字资源3-13

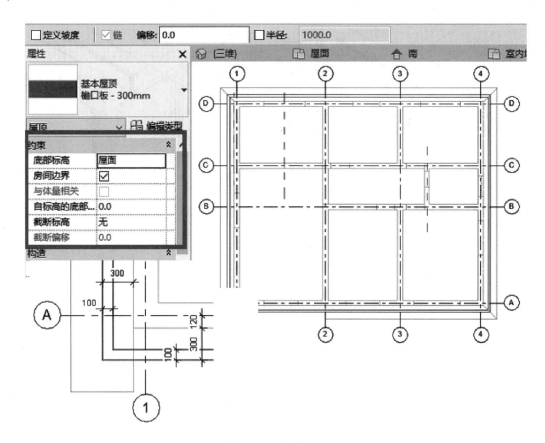

图 3-104　檐口板的实例参数和草图示意

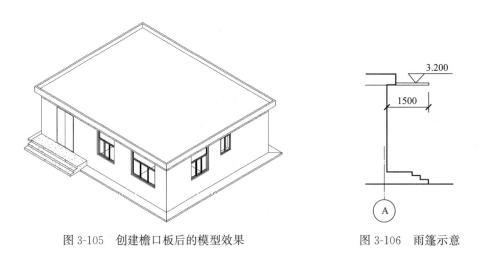

图 3-105　创建檐口板后的模型效果　　　　图 3-106　雨篷示意

　　在三维视图中，选中屋面板，在【修改｜屋顶】选项卡上点击【编辑迹线】按钮，进入"修改｜屋顶＞编辑迹线"模式，如图 3-107 所示，返回草图模式。

　　切换至"屋面"视图，修改屋面板的草图，如图 3-108 所示。

　　完成后点击【√】图标按钮，退出草图模式完成编辑。切换到三维视图查看，如图 3-109 所示，单层小住宅模型创建完毕，将文件另存为"单层小住宅.rvt"。

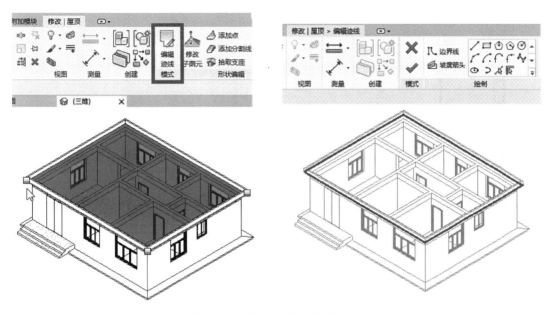

图 3-107　返回屋面板的草图模式

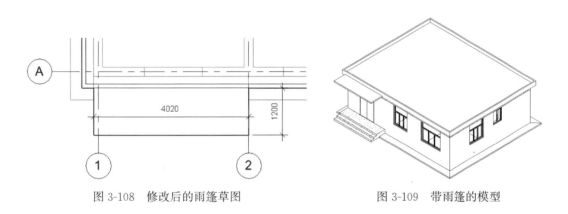

图 3-108　修改后的雨篷草图　　　　图 3-109　带雨篷的模型

【单元总结】

本教学单元以单层小住宅建筑为例，学习建筑模型的基本创建，熟悉整个建模的框架流程，掌握构件类型、实例属性设置及编辑。理解参数设置的重要性，在创建 BIM 模型时，要对建筑形体、构造、施工做法等作出合理的表达。

【思考及练习】

1. 在轴网编辑中，如何使用 2D 和 3D 的切换？

2. 采用拾取墙的方式，如何创建屋面板？

3. 如图 3-110 所示，识读工程图创建建筑模型，图纸未说明的地方，请按一般建筑构造要求处理。

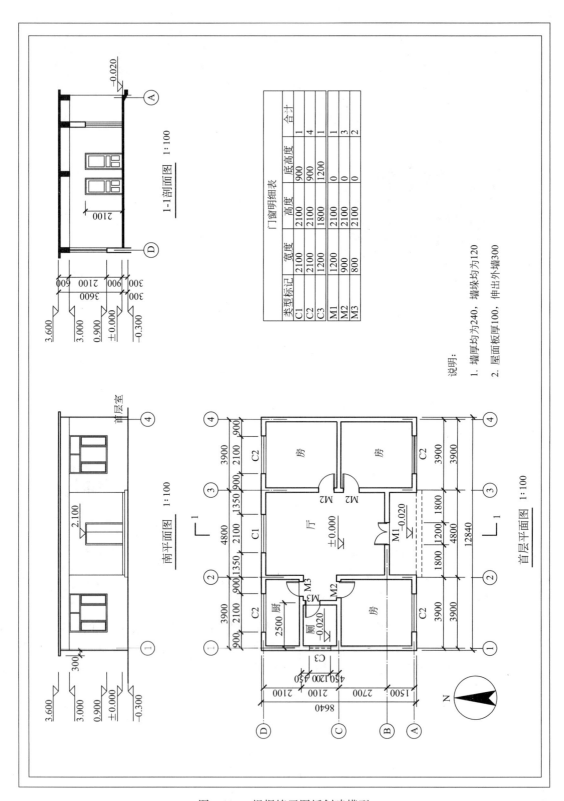

图 3-110　根据练习图纸创建模型

【本单元参考文献】

［1］王婷.全国 BIM 技能培训教程.Revit 初级［M］.北京：中国电力出版社，2015.

［2］李恒，孔娟.Revit 2015 中文版基础教程［M］.北京：清华大学出版社，2015.

教学单元4 族的概念和应用

【教学目标】

1.知识目标
熟悉族的相关概念；
掌握族的载入和创建方法。
2.能力目标
具备系统族的载入能力；
可载入族的载入和创建能力；
内建族的创建能力。

【思维导图】

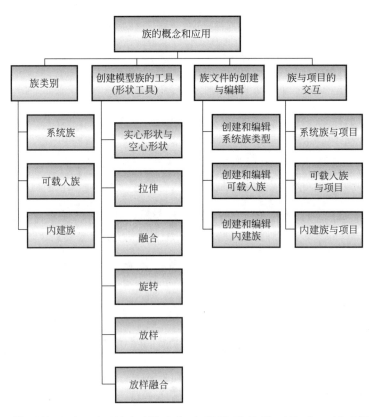

族是 Revit 模型的基础，各种图元均由相应的族及其类型构成。通过族工具将标准图元和自定义图元添加到建筑模型当中，可以更方便地管理和修改模型。

4.1　族的类别和作用

族是一个包含通用属性集和相关图形表示的图元组。同属于一个族的不同图元，可能有不同的参数值，但是属性的设置是相同的。一个族可以拥有多个类型，如图 4-1 所示，"类型属性"对话框显示，"M_单扇-与墙齐"是一种门族，目前有"M2-800×2100mm"等 9 个类型。

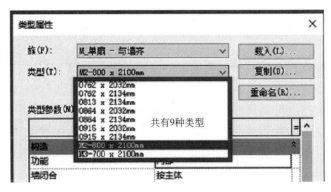

图 4-1　"类型属性"对话框

Revit 中的族有三种形式：系统族、可载入族和内建族。

4.1.1　系统族

系统族用于创建基本的建筑图元，例如：墙、楼板、楼梯、屋顶等。此外，系统族还包含标高、轴网、图纸和视口等用于设置和管理项目的图元组。

系统族不能单独保存，只能在 Revit 项目样板中预定义。不能创建、复制、修改或删除系统族，但是可以复制和修改系统族中的类型，以便创建需要的新类型，因此系统族中应至少保留一个族类型，其他不需要的可以删除。系统族不能用"载入"的方法加载到项目文件中，但可以在项目和样板之间复制、粘贴或者传递。

除了"类型属性"对话框，还可以在"项目浏览器"中查看族和族类型，如图 4-2 所

图 4-2　查看族和族类型

示，构件类别"墙"包含有三种系统族：叠层墙、基本墙、幕墙。而"基本墙"族中有 6 种类型。

4.1.2 可载入族

可载入族是可以自行定义并保存为 .rfa 格式的族文件，包括：

1. 构件族

构件族包括窗、门、橱柜、设备、家具和植物等构件图元族。

2. 注释族

注释族包括尺寸标注、制图符号和图纸、标题栏等注释图元族。

3. 体量族

体量族是特别为建筑概念设计阶段提供的建模工具。

可载入族具有高度可自定义的特征，Revit 提供"族编辑器"创建和修改族。可以复制和修改现有构件族；也可以选择合适的族样板文件创建新族。

构件族分为独立个体族和基于主体的族两大类，基于主体的族是指不能独立存在、必须依赖主体的构件，如门窗等必须依附在墙体上。如图 4-3 所示，Revit 分别提供了基于各种主体图元的族样板文件。

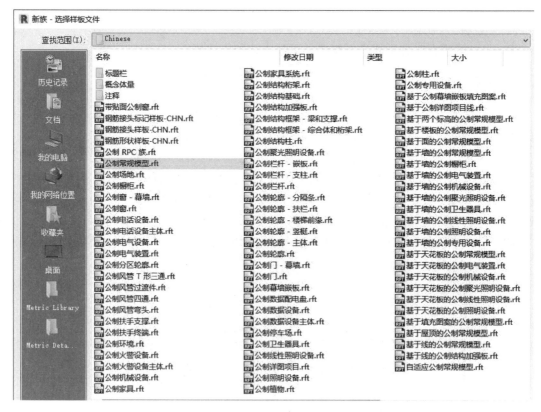

图 4-3 族样板文件

与系统族不同，可载入族是在外部 .rfa 文件中创建并可导入或载入项目中。如图 4-4 所示，点击【插入】选项卡中的【载入族】按钮，将打开"载入族"对话框。

图 4-4　"载入族"工具

4.1.3　内建族

内建族适用于创建当前项目中需要且不计划在其他项目中使用的图元。创建内建图元时，Revit 将为该图元创建一个新族，该族只有一个族类型，不能通过复制类型的方式来创建多个族类型。如图 4-5 所示，点击【建筑】选项卡的【构件】按钮，选择【内建模型】，可以进入"在位编辑器"创建内建模型图元。

图 4-5　"内建模型"工具

4.2　模型族的创建工具

4.2.1　形状工具的使用说明

在 Revit 中，通过"可载入族"或"内建族"都可以创建各种建筑构件模型，供项目使用。创建模型族的工具包括：拉伸、融合、放样、旋转及放样融合，可以创建实心和空心形状，都归纳在"形状"面板上，如图 4-6 所示。

图 4-6　形状面板

这些形状基本工具的使用说明见表 4-1。

形状工具 表 4-1

工具	图标按钮	作用	数字资源
拉伸	拉伸	在工作平面上绘制形状的二维轮廓,然后垂直拉伸轮廓从而创建三维形体	数字资源4-1
融合	融合	用于创建实心三维形体,该形体将沿其长度发生变化,从起始形状融合到最终形状	数字资源4-2
旋转	旋转	围绕轴旋转某个二维轮廓从而创建三维形状	数字资源4-3
放样	放样	通过沿路径放样二维轮廓,可以创建实心三维形状	数字资源4-4
放样融合	放样融合	通过放样融合工具可以创建一个具有两个不同轮廓的融合体,然后沿某个路径对其进行放样	数字资源4-5
空心形状	空心形状	创建负的几何形状(空心),用于剪切实心几何形状,其创建方式和实心形状相似,都可以采用空心拉伸、空心融合、空心旋转、空心放样和空心放样融合等基本工具	数字资源4-6

4.2.2 实例操作

不同的族样板对族模型的创建过程和结果都会有很大的影响。下面以创建如图 4-7 所示台阶构件为例,介绍形状工具的使用和模型族的创建。

1. 形体分析

数字资源4-7

在创建模型前,需要进行形体分析,对不同的形体选择不同的形状工具。如图 4-8 所示,可以将台阶看成由四个形状组成。

2. 创建形状 1

选择"公制常规模型"族样板文件新建族文件,命名为"台阶"。点击

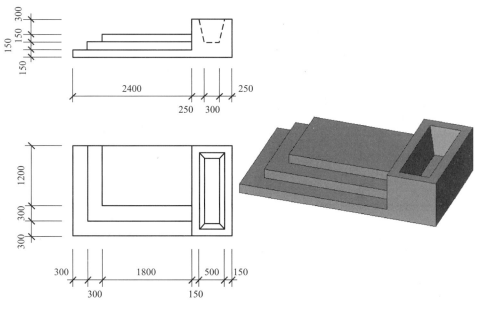

图 4-7 台阶构件尺寸

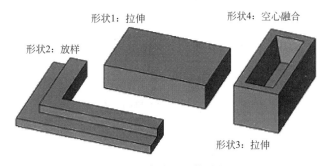

图 4-8 台阶的形体分析

【创建】选项卡的【拉伸】工具按钮，进入"修改│创建拉伸"界面，如图 4-9 所示。

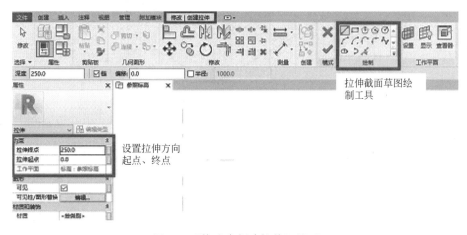

图 4-9 "修改│创建拉伸"界面

【提示】"公制常规模型"族文件的默认工作界面是"参照标高"。

绘制形状 1 的截面轮廓 1800×1200，在【属性面板】中设置"拉伸起点"和"拉伸终点"，分别为"0"和"450"，如图 4-10 所示，点击【√】按钮完成拉伸。

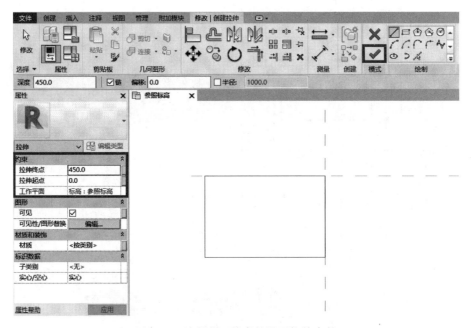

图 4-10　绘制截面轮廓并设置拉伸参数

切换到"三维视图"观察形状 1，如图 4-11 所示。

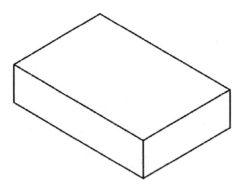

图 4-11　形状 1 三维视图

3. 创建形状 2

切换回视图"参照标高"，点击【创建】选项卡的【放样】工具按钮，展开"修改｜放样"上下文选项卡，点击【拾取路径】，选择形状 1 的两条边作为放样的路径，如图 4-12 所示，点击【√】按钮完成路径的绘制。

数字资源4-8

继续在【修改｜放样】上下文选项卡中，点击【编辑轮廓】，在弹出的对话框中选择打开"立面：前"视图，如图 4-13 所示。

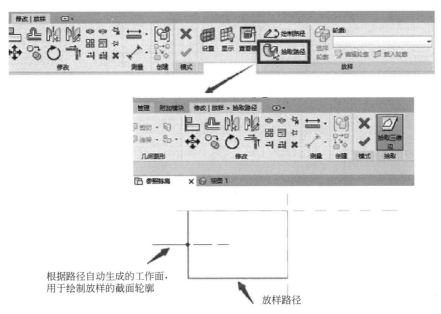

根据路径自动生成的工作面，
用于绘制放样的截面轮廓

放样路径

图 4-12　绘制形状 2 的放样路径

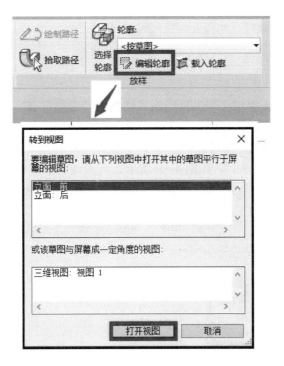

图 4-13　确定绘制轮廓的工作面

按尺寸绘制两级踏步的截面轮廓，如图 4-14 所示，点击【√】按钮完成轮廓的绘制。

点击【修改｜放样】上下文选项卡中的【√】按钮，完成形状 2 的绘制。切换到"三维视图"观察，如图 4-15 所示。

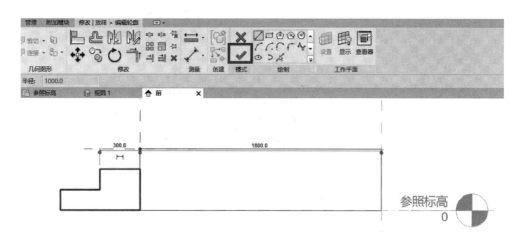

图 4-14　绘制放样的截面轮廓

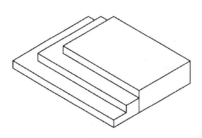

图 4-15　形状 2 三维视图

4. 创建形状 3

数字资源4-9

形状 3 也用拉伸工具绘制，切换到"参照标高"视图，点击【创建】选项卡的【拉伸】按钮，进入"修改｜创建拉伸"界面。绘制形状 3 的截面轮廓 800×1800，在【属性面板】中设置"拉伸起点"和"拉伸终点"，分别为"0"和"750"。如图 4-16 所示，点击【√】按钮完成。

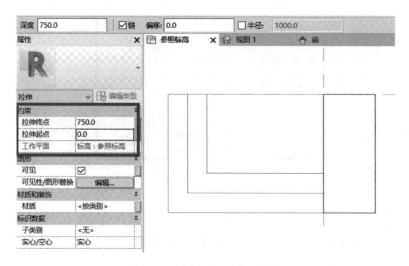

图 4-16　绘制形状 3 截面轮廓

切换到"三维视图"观察，如图 4-17 所示。

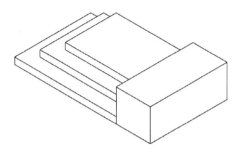

图 4-17　形状 3 三维视图

5. 创建形状 4

数字资源4-10

形状 4 是形状 3 挖空的部分，为方便观察，可以在"三维视图"中采用
"空心融合"直接绘制。点击【创建】→【空心形状】→【空心融合】，展开【修
改｜创建空心融合底部边界】上下文选项卡，点击【设置】按钮，在弹出的
对话框中选择"拾取一个平面"的方式确定绘制草图的工作平面，如图 4-18
所示。

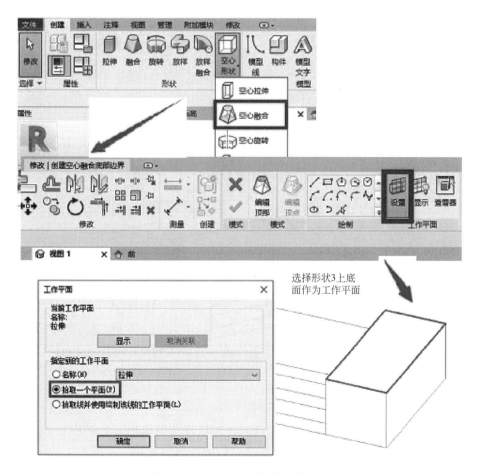

图 4-18　确定绘制草图的工作平面

按尺寸绘制融合的底部边界后，点击【编辑顶部】按钮，继续绘制融合的顶部边界，在【属性面板】中设置"第二端点"和"第一端点"，分别为"-450"和"0"，如图 4-19 所示，点击【√】按钮完成形状 4 的创建。

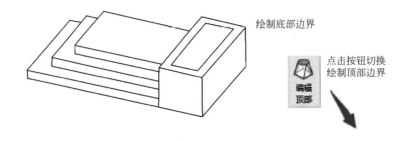

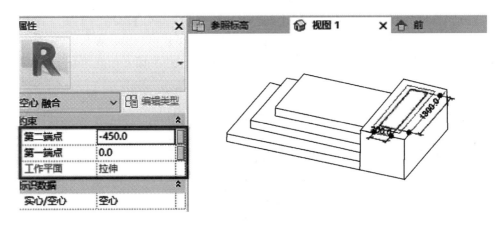

图 4-19　绘制融合的底部和顶部边界

鼠标在绘图区空白处点击一下，形状 3 将挖掉形状 4，如图 4-20 所示。

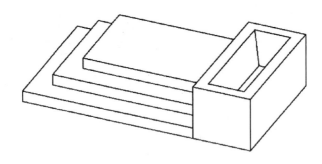

图 4-20　形状 4 的三维视图

6. 连接形状

点击【修改】选项卡的【连接】，勾选"多重连接"复选框，分别点选各个形状将其连接成一个整体形体，如图 4-21 所示，完成台阶构件的创建。

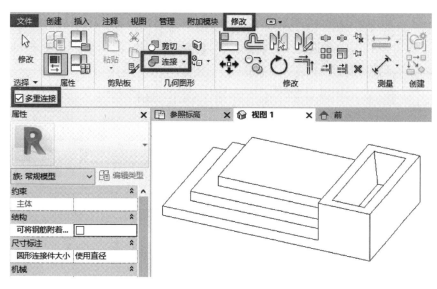

图 4-21　连接形状

4.3　族文件的创建和编辑

4.3.1　创建与编辑系统族类型

系统族是 Revit 的项目样板中预设的，不能从外部载入。系统族自身不可以被创建、复制、修改或删除，但在项目文件中系统族类型是可以复制和修改的，这样才能创建符合项目要求的各种族类型。

数字资源4-11

例：某工程需要砌筑一段 6m 的墙体，其构造如图 4-22 所示。请按要求创建墙体类型，将其命名为"外墙－190mm 混凝土砌块"，并最后以"外墙－190mm 混凝土砌块"为文件名保存。

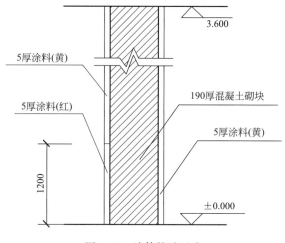

图 4-22　墙体构造示意

新建项目文件，点击【建筑】选项卡下拉菜单【建筑墙】，展开【修改│放置墙】上下文选项卡，点击【类型属性】，弹出"类型属性"对话框。如图 4-23 所示，选择系统族基本墙的"常规－150mm 砌体"类型，点击【复制】按钮创建新的墙体类型，命名为"外墙－190mm 混凝土砌块"。

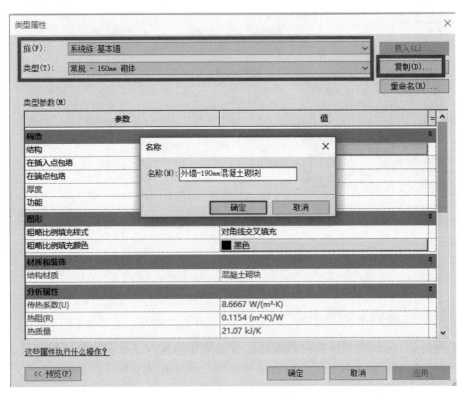

图 4-23　创建新的墙体类型

点击"结构"右侧的【编辑】按钮，打开"编辑部件"对话框，单击【插入】按钮增加墙体的构造层，根据墙身构造示意设置材质和厚度，如图 4-24 所示，可通过单击【向上】、【向下】按钮调整构造层的位置。

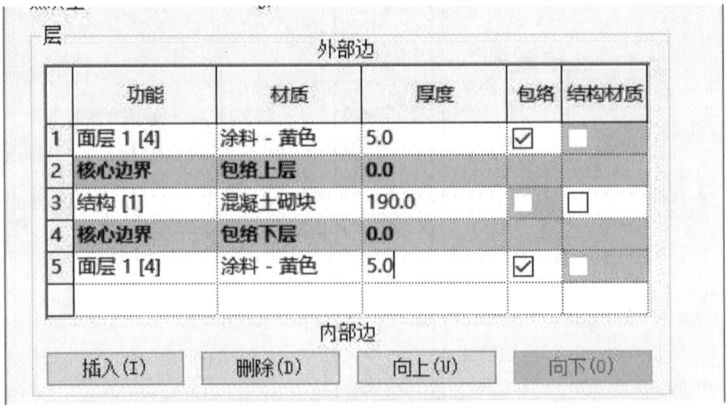

	功能	材质	厚度	包络	结构材质
		外部边			
1	面层 1 [4]	涂料 - 黄色	5.0	☑	☐
2	核心边界	包络上层	0.0		
3	结构 [1]	混凝土砌块	190.0	☐	☐
4	核心边界	包络下层	0.0		
5	面层 1 [4]	涂料 - 黄色	5.0	☑	☐
		内部边			

插入(I)　删除(D)　向上(U)　向下(O)

图 4-24　设置墙体的构造层次

【提示】功能是确定层的优先顺序，功能层名后带的序号表示其优先级别。[1] 层优先级最高，[5] 层最低。连接时先连接优先级高的层，然后连接优先级最低的层。各层一般指定如下：

结构 [1]：起主要作用的构造层；

衬底 [2]：作为敷设其他材质层的基层；

保温层/空气层 [3]：保温隔热材料层或考虑保温隔热作用而形成的空气层；

涂膜层：通常用于防水防潮防气的薄膜层，涂膜层的厚度应该为零；

面层1 [4] 和面层2 [5]：面层有时会出现分层处理的做法，一般面层1是指最外层，面层2通常是内层。

分析墙身构造示意可知，靠近外墙脚1200mm处的涂料是红色的，与上部不同，需要对这一层进行拆分处理。点击【预览】按钮，展开预览窗口，将预览视图切换为"剖面：修改类型属性"，如图4-25所示。

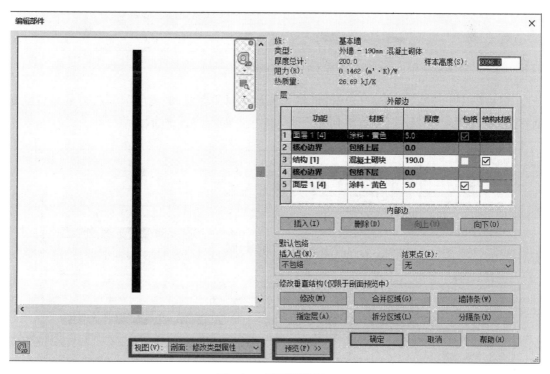

图 4-25　展开预览窗口

【提示】只有将预览视图切换至"剖面：修改类型属性"时，"修改垂直结构"的工具按钮才可以使用。

选中外部边面层1，点击【拆分区域】按钮，在预览窗口中将墙体的外层拆分，如图4-26所示，面层1的厚度自动切换为"可变"。

在靠近外部边的"面层1 [4]"构造层上再插入新的构造层，其材质为"涂料-红

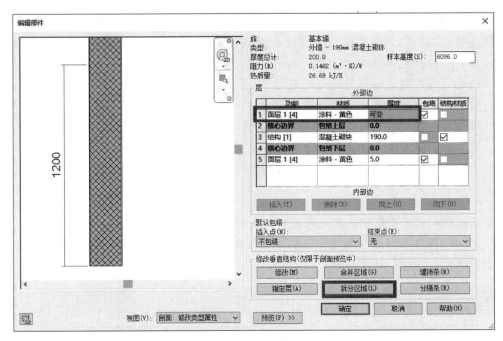

图 4-26　拆分墙体面层

色"。但材质库中没有"涂料-红色",可将光标放在材质"涂料-黄色"上点击鼠标右键复制材质,改名为"涂料-红色",将其颜色改为红色,如图 4-27 所示。

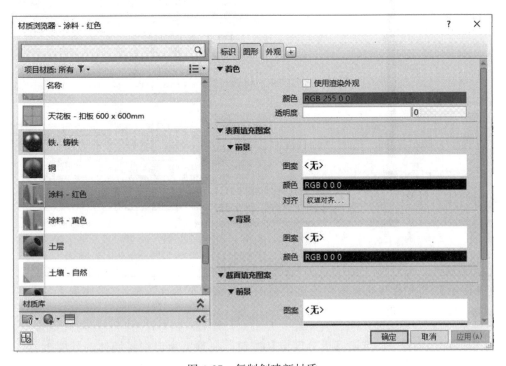

图 4-27　复制创建新材质

选中新建的构造层，单击【指定层】按钮。在预览窗口中选择被拆分的下部分进行替换，如图 4-28 所示。此时新构造层的厚度自动改为"5"，与原设置的面层 1 厚度一致。

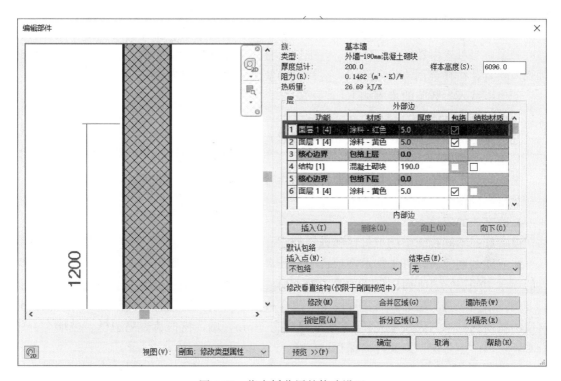

图 4-28　指定拆分层的构造设置

点击【确定】按钮完成墙体类型属性的设置，绘制一面高 3600mm、长 6000mm 的墙体，如图 4-29 所示，命名为"外墙"保存文件。

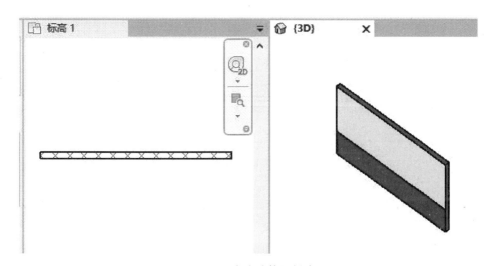

图 4-29　完成墙体的创建

4.3.2 创建与编辑可载入族

在前面介绍形状工具时，我们已经学习了可载入族的操作，在这里进一步介绍参数族的创建和编辑。参数化设计是 Revit 中一个很重要的概念，可以根据工程关系和几何关系来指定设计要求。系统将参数分为可变参数和不变参数两大类，在参数化模型中建立各种约束关系，当可变参数发生变化时，会维护所有的不变参数自动生成需要的模型。在创建可载入族时，往往会创建成参数族，这样族的使用才更灵活更方便。

创建可载入参数族的步骤如下：

1. 选择样板

选择合适的样板文件，样板包含所要创建族的相关信息。

2. 建立参数关系

根据初始尺寸绘制族的几何图形，使用参数建立族构件之间的关系，创建族类型。

3. 绘制族图元

4. 确定族的表达

设置族在不同视图中的可见性和详细程度。

完成族的创建后，可先在示例项目中对其进行测试，通过则可以保存下来，方便在以后的项目中使用它。下面以创建如图 4-30 所示的组合窗为例，介绍参数族的创建。

例：请用"基于墙的公制常规模型"族样板创建窗族，窗宽和窗高尺寸可变，窗框和窗扇的材质为桦木（天然中光泽），玻璃厚度为 6mm，墙、窗框、窗扇边框、玻璃全部中心对齐，以"组合窗"为文件名保存。

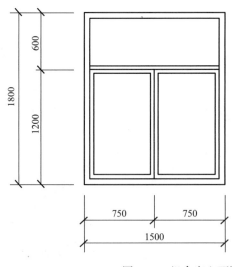

窗框断面尺寸为60×60
窗扇断面尺寸为40×40
玻璃厚度为6
与墙中线对齐安装

图 4-30　组合窗立面图

数字资源4-12

1. 选择族样板

选择"基于墙的公制常规模型"样板文件创建族文件，点击【创建】选项卡的【族类别和族参数】，在弹出的对话框中选择族类别为"窗"，勾选族参数"总是垂直"复选框，如图 4-31 所示，完成后点击【确定】按钮。

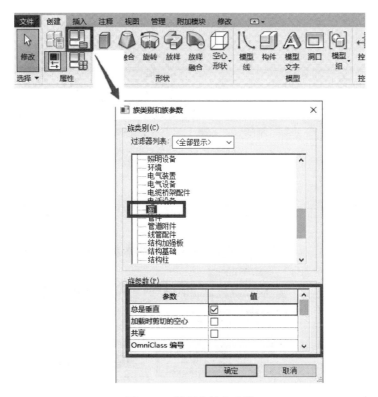

图 4-31　设置窗族和参数

【提示】"基于墙的公制常规模型"族样板默认族类别为"常规模型"，据此创建的族在项目后是作为构件类别处理的。通过【族类别和族参数】工具选择族的类别为"窗"，可以使用窗族的默认参数，在项目中可以使用创建【窗】命令，创建明细时也作为窗进行统计。

2. 设置工作平面

点击【创建】选项卡的【设置】按钮，如图 4-32 所示，将工作平面设置为墙中心线，打开立面视图"放置边"。

3. 绘制窗洞口

点击【创建】选项卡的【参照平面】按钮，绘制窗洞口的参照平面，如图 4-33 所示，点击【注释】选项卡的【对齐】标注参照平面的尺寸。

选中表示窗宽的尺寸"1500"，在展开的【修改 | 尺寸标注】上下文选项卡中点击【标签】下拉箭头，将"宽度"参数赋予选中的尺寸标注，如图 4-34 所示。同样方法设置窗洞口高度参数。

数字资源4-13

点击【标签】下拉箭头，可以看到，Revit 窗族样板中预设了一些参数，如"宽度""高度"等，方便族的创建。但在组合窗中还需要设置上部窗扇高度的参数，样板中没有预设则需要添加新的族参数。

选中表示上部窗扇高的尺寸"600"，点击"标签"选项栏右侧的【创建参数】按钮，

1) 点击按扭

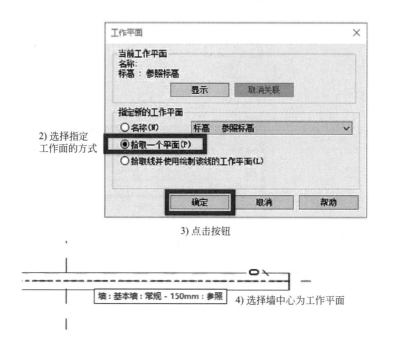

2) 选择指定工作面的方式

3) 点击按钮

4) 选择墙中心为工作平面

5) 选择要打开的视图

6) 点击按钮

图 4-32 选择工作平面

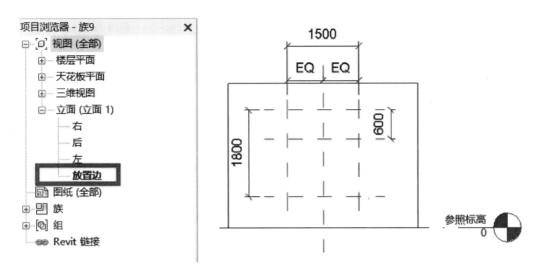

图 4-33   创建洞口参照平面

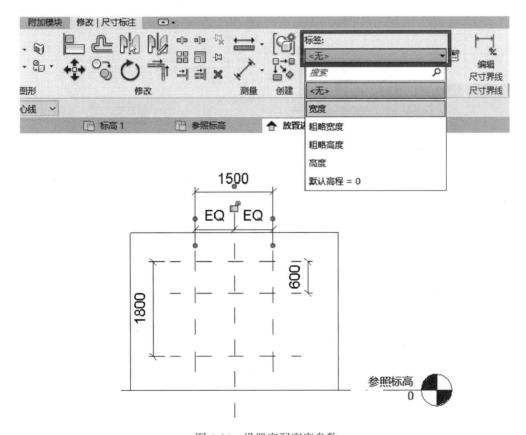

图 4-34   设置窗洞宽度参数

如图 4-35 所示，在弹出的"参数属性"对话框中，点选"族参数"，将参数命名为"上部窗扇高"，点选"类型"完成后点击【确认】按钮，完成组合窗的参数设置。

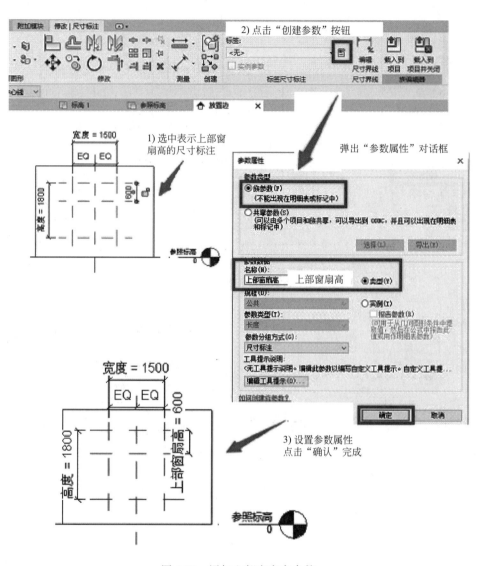

图 4-35　添加上部窗扇高参数

【提示】Revit 族样板中预设了一些参数，选择不同的样板文件会导致族的创建过程和结果有差异。

　　单击【创建】选项卡的【洞口】按钮，沿着参照平面绘制窗洞草图，并对矩形的四个边锁定，如图 4-36 所示，点击【√】按钮完成，切换至"三维视图"可以很直观地看到墙体上的窗洞。

数字资源4-14

4. 绘制窗框

　　切换回立面视图"放置边"，用形状工具【拉伸】创建窗框，按尺寸绘制窗框草图并与墙洞锁定，拉伸的起点和终点分别设置为"－30"和"30"，如图 4-37 所示，点击【√】按钮完成窗框。

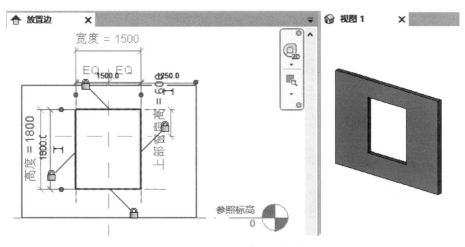

图 4-36 完成窗洞口的创建

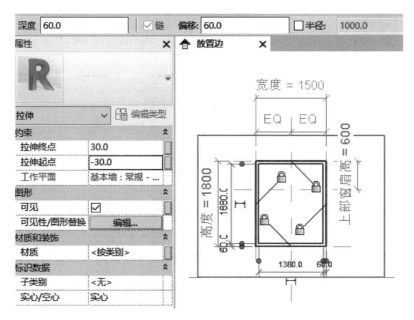

图 4-37 绘制窗框草图

　　选中窗框，点击属性面板中的"材质"右侧【按类别】按钮指定窗框的材质。当前项目材质库中没有需要的，可以选择"默认"材质复制重命名为"桦木"，如图 4-38 所示。

　　点击"材质浏览器"下方的【资源浏览器】，打开系统自带的材质库，点击"Autodesk 物理资源"下拉箭头→"木材"→"桦木—天然中光泽"，双击最右侧的来回箭头，将此材质赋予"项目材质：桦木"，勾选"图形"面板中的"使用渲染外观"复选框，点击【确定】，完成窗框材质的设置，如图 4-39 所示。

　　如图 4-40 所示，切换至"三维视图"查看窗框。

5. 绘制下部窗扇

　　切换回立面视图"放置边"，继续用形状工具【拉伸】创建下部窗扇，

数字资源4-15

123

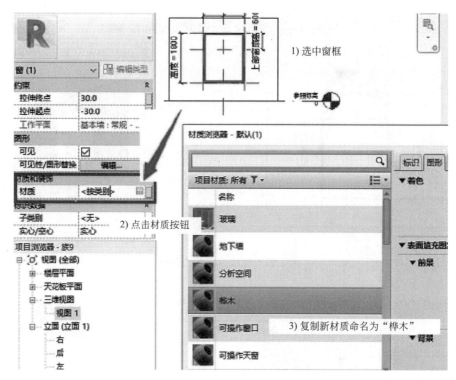

图 4-38　创建项目材质

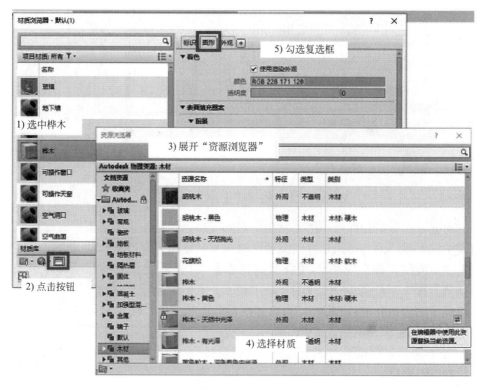

图 4-39　调用"资源浏览器"中的材质

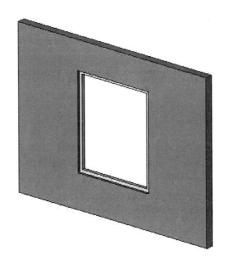

图 4-40　完成窗框的创建

按尺寸绘制窗扇草图并与四周锁定，将拉伸的起点和终点分别设置为"－20"和"20"，同样将材质设置为"桦木"，如图 4-41 所示，点击【√】按钮完成下部窗扇。

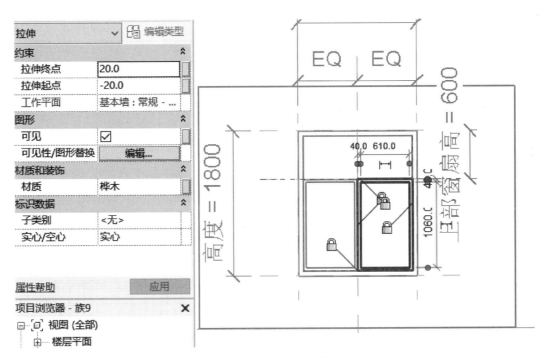

图 4-41　下部窗扇草图

6. 绘制下部窗玻璃

　　继续用形状工具【拉伸】创建下部窗玻璃，按尺寸绘制玻璃草图并与四周锁定，将拉伸的起点和终点分别设置为"－3"和"3"，将材质设置为"玻璃"，如图 4-42 所示，点击【√】按钮完成下部窗扇。

数字资源4-16

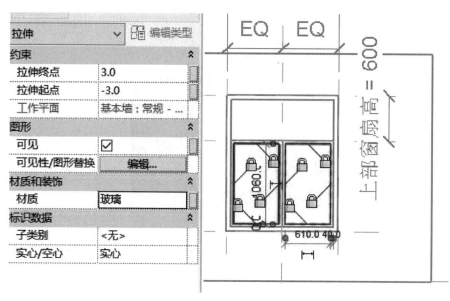

图 4-42　下部窗玻璃草图

【提示】下部的两扇窗扇是对称的，也可以绘制完整的一扇后用镜像工具直接复制另一扇。

7. 绘制上部固定窗

数字资源4-17

继续用形状工具【拉伸】创建上部窗扇，按尺寸绘制窗扇草图并注意一定要锁定，将拉伸的起点和终点分别设置为"－20"和"20"，将材质设置为"桦木"，如图 4-43 所示，点击【√】按钮完成上部窗扇。

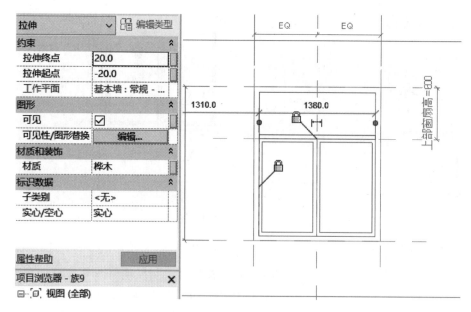

图 4-43　上部窗扇草图

同样方式绘制上部窗玻璃，完成整个组合窗的绘制，如图 4-44 所示。

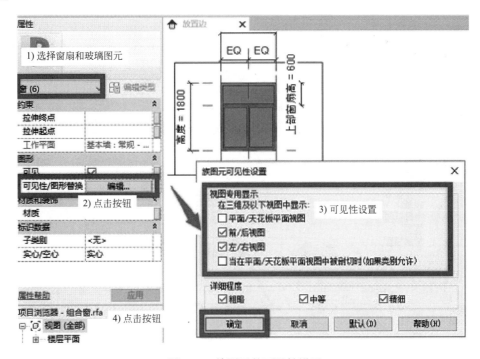

图 4-44　完成组合窗的绘制

8. 确定在视图中的可见性

选择窗构件图元"窗扇"和"玻璃"，点击"属性"面板上的"可见性/图形替换"编辑按钮，在弹出的"族图元可见性设置"对话框中勾选"前/后视图"和"左/右视图"，如图 4-45 所示，点击【确定】完成可见性的设置。

数字资源4-18

图 4-45　族图元的可见性设置

检查确认后，命名为"组合窗"保存族文件。

【提示】可以单独设置每个族图元在不同视图中的可见性和表达的详细程度。

4.3.3 创建与编辑内建族

对于一些独特图元构件，一些通用性差的非标构件，用户可以使用【内建模型】工具创建新的内建族。内建族的创建与编辑方法和可载入族完全一样，创建时不用选择相应的族样板。

打开项目文件，点击【建筑】选项卡，在【构件】下拉框中点击【内建模型】按钮，系统打开【族类别和族参数】对话框，在对话框中选择相应的族类别，点击【确定】按钮，在弹出的对话框中输入族名称，如图 4-46 所示，单击【确定】按钮进入创建族的模式，其方法和可载入族完全一样，在此不再赘述。

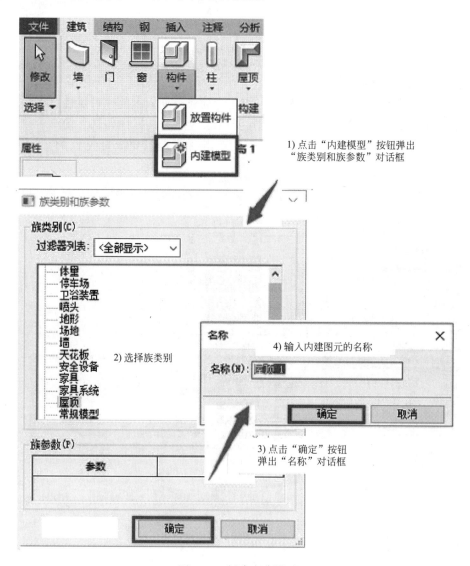

图 4-46　创建内建图元

4.4　族文件和项目文件的交互

4.4.1　系统族与项目

系统族是已预定义且保存在样板文件和项目文件中，不能从外部文件中载入系统族，但可以载入系统族类型。

要载入系统族类型，可以执行下列操作：

1. 在项目或样板之间复制系统族类型

同时打开源文件"门房"和"外墙"，在项目文件"外墙"中选择墙体，点击【修改｜墙】上下文选项卡上的【复制到剪贴板】工具，将选中的"外墙－190mm 混凝土砌块"墙体类型复制并粘贴到剪贴板，如图 4-47 所示。

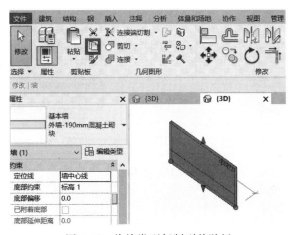

图 4-47　将族类型复制到剪贴板

切换到项目文件"门房"，点击粘贴板上【从剪贴板中粘贴】按钮，将"外墙－190mm 混凝土砌块"墙类型粘贴到文件中，如图 4-48 所示，选择摆放位置即可。

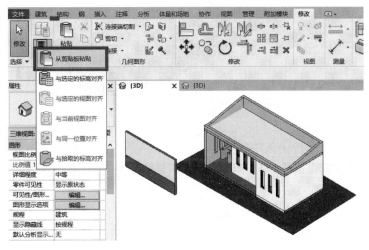

图 4-48　粘贴至目标项目文件

选中门房模型的外墙，单击鼠标右键，在弹出的光标菜单中点击"选择全部实例"→"在整个项目中"，如图 4-49 所示，选中模型的所有外墙。

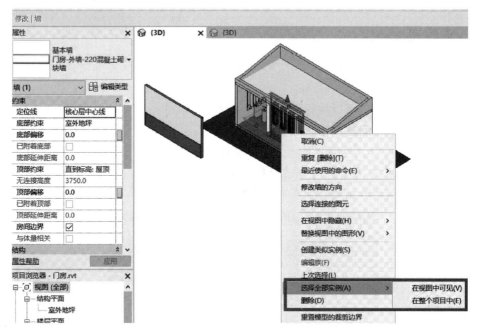

图 4-49　利用光标菜单选择墙体

在"属性"面板的"类型选择器"切换墙类型为"外墙－190mm 混凝土砌块"，门房的外墙都转换为新的墙类型，如图 4-50 所示。

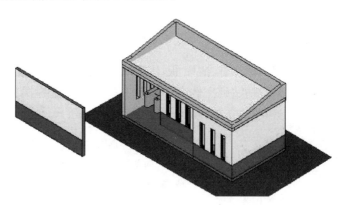

图 4-50　转换墙类型后的模型

2. 在项目或样板之间传递系统族类型

如果需要复制比较多的系统族或族的所有系统族类型，使用文件之间传递的方法会更方便快捷。

分别打开原项目和目标项目，把目标项目置为当前窗口，展开【管理】选项卡，单击设置面板的【传递项目标准】，弹出【选择要复制的项目】对话框，如图 4-51 所示。在【复制自】列表框中选择原项目，并在下方的列表框中勾选需要传递的系统族类型，点击

图 4-51　"选择要复制的项目"对话框

【确定】按钮完成传递。

4.4.2　可载入族与项目

可载入族是在外部.rfa 文件中创建的，并可载入项目文件中使用。

1. 载入族

将参数族"组合窗"载入到项目文件"外墙"中，按图 4-52 所示布置窗户。

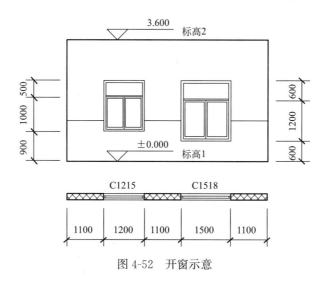

图 4-52　开窗示意

打开项目文件"外墙"，切换至【插入】选项卡，在【库中载入】面板中单击【载入族】按钮，选择路径载入参数族"组合窗"。

点击【建筑】选项卡→【窗】，打开"类型属性"对话框，点击【复制】按钮创建窗类型，如图 4-53 所示。

在属性面板中设置窗的实例参数"底高度"分别为"900""600"，按尺寸要求绘制窗，三维视图中的效果如图 4-54 所示。

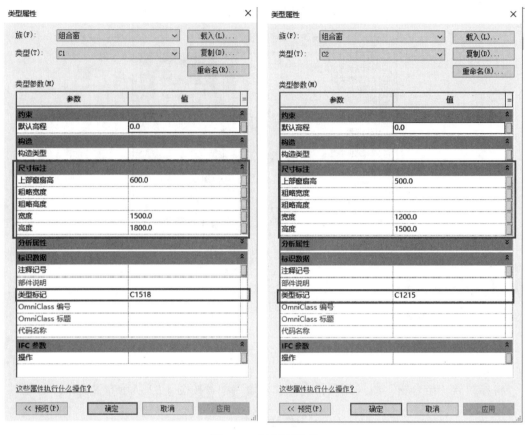

图 4-53　复制窗类型

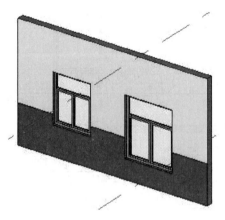

图 4-54　三维视图中的效果

【提示】Revit 中包含一个内容库，可以用来访问软件提供的可载入族，也可以在其中保存创建的族。

2. 通过项目修改现有族

在项目中选中需要编辑修改的族，在选项卡中选择【编辑族】，即可打开族编辑器进行族文件的修改编辑，如图 4-55 所示。

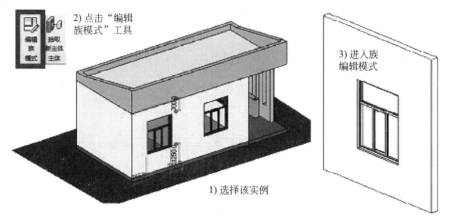

图 4-55　通过项目编辑族

修改编辑完成族之后，执行族编辑器界面的【载入到项目中】，然后在项目文件中选择【覆盖现有版本及其参数值】或【覆盖现有版本】，完成族文件的更新，如图 4-56 所示。

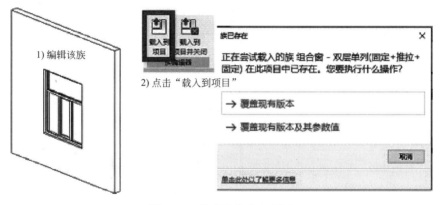

图 4-56　将当前族载入项目

4. 4. 3　内建族与项目

内建族是直接在项目中创建的自定义图元，可以在项目中创建多个内建图元，还可以将同一内建图元的多个副本放置在项目中。

可以通过"剪贴板"工具在项目之间传递或复制内建图元，但一般不建议进行这样的操作，因为内建图元会增大文件大小并使软件性能降低。具体的操作和可载入族是一样的，在此不再赘述。

> 【提示】Revit 如果需要在不同项目中使用同一个图元，强烈建议采用载入族的方式创建，不要使用内建族。

133

【单元总结】

本教学单元介绍了族的概念。族是 Revit 中一个必不可少的功能，正是由于族概念的使用，才能够实现真正的参数化建模，因此在使用族的时候一定要注意族类别和族参数的选择和设置。

【思考及练习】

1.什么是族？什么是族类型？族类型有哪些？

2.创建如图 4-57 所示的螺母模型，以"螺母"为文件名保存模型。

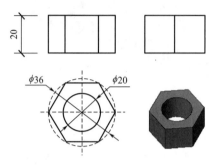

图 4-57　螺母三视图

3.在常规模型族中创建如图 4-58 所示的榫卯结构，以构件集保存，命名为"榫卯结构"。

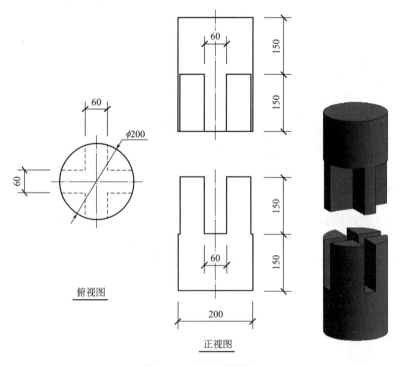

俯视图

正视图

图 4-58　榫卯结构图

4. 根据图 4-59 所示的轮廓和路径创建内建构件模型，以"柱顶饰条"为文件名保存模型。

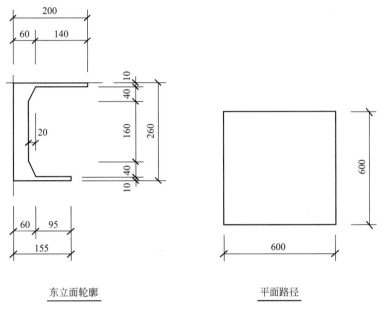

图 4-59　轮廓和路径示意

5. 创建如图 4-60 所示参数族，命名为"出入口三级台阶"，并利用其在项目文件中创建以下尺寸的台阶类型实例各 1 个，在"3D"视图中显示，同样命名为"出入口三级台阶"。

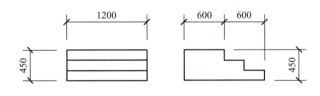

类型	平台高度	平台宽度	平台长度	踏步高度	踏步宽度
台阶一	450	600	1200	150	300
台阶二	420	900	1600	140	280
台阶三	480	900	2400	160	350

图 4-60　出入口三级台阶

【本单元参考文献】

［1］李恒，孔娟.Revit2015 中文版基础教程［M］.北京：清华大学出版社，2015.

［2］赵世广.建筑 Revit 建模基础［M］.北京：中国建筑工业出版社，2017.

教学单元 5　建筑模型创建与编辑

【教学目标】

1.知识目标

了解建筑施工图的识读方法；

理解建筑模型的创建流程；

掌握建筑模型各构件的创建方式。

2.能力目标

具备根据建筑施工图创建 BIM 建筑模型的能力。

【思维导图】

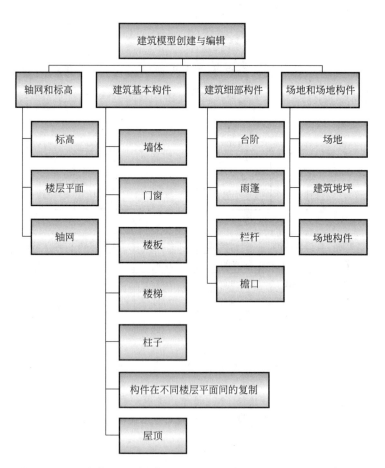

本单元通过学习学生公寓模型的创建，进一步梳理 BIM 模型的创建流程，掌握模型的几

何、材料、工程性能等相关信息的采集和输入，理解建筑构造在 BIM 模型中的合理表达。

5.1　标高、轴网的创建和编辑

5.1.1　标高的创建和编辑

标高创建是 Revit 创建模型的最初步骤，在进行建模操作之前，应当先识读施工图，熟记有关图纸内容，对建筑有一个整体的了解。

1. 提取标高信息

打开 Revit 软件，选择"建筑样板"新建项目，命名为"学生公寓"。这是一栋三层高的坡屋顶建筑，我们可以通过立面图或者剖面图的建筑标高信息来建立模型的标高。观察图纸编号为 J-7 的东立面图右侧的标高，提取标高信息如表 5-1 所示。

标高及其名称　　　　　　　　　　　　　　　　　　　　　　　表 5-1

名称	标高值	名称	标高值
屋顶	13.500	2F	3.600
檐口	10.800	1F	±0.000
3F	7.200	室外地坪	−0.450

2. 创建标高

在"项目浏览器"中打开"东"立面视图，在东立面中建立标高。注意对各个标高进行正确命名方便后续的创建。如图 5-1 所示，以"室外地坪""1F""2F""3F""檐口""屋顶"分别命名各标高。

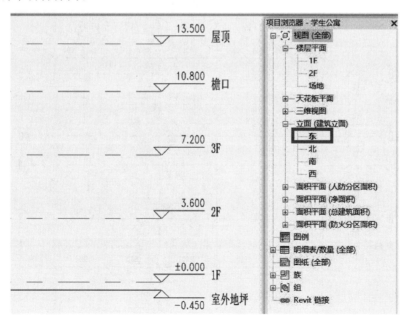

图 5-1　创建标高并正确命名

5.1.2 楼层平面的创建

单击【视图】选项卡→【平面视图】下拉列表→【楼层平面】命令，进入"新建楼层平面"对话框。选择所有未创建楼层平面的标高，单击【确定】按钮，生成剩余的楼层平面，观察"项目浏览器"中的楼层平面，所有标高的楼层平面已经创建完毕，操作如图 5-2 所示。"场地"楼层平面是建筑样板文件里默认创建好的，不要删除，在建立场地的时候会用到这个楼层平面。

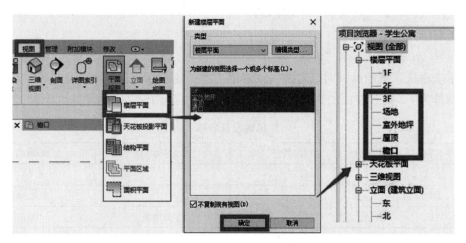

图 5-2　创建楼层平面

5.1.3 轴网的创建和编辑

识读图纸编号为 J-2 的首层平面图，根据项目的要求创建轴网，如图 5-3 所示。

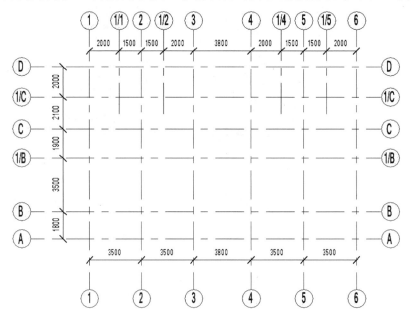

图 5-3　学生公寓的轴网

1. 设置轴网类型属性

在"项目浏览器"中打开"1F"视图，单击【建筑】选项卡→【轴网】，展开"修改│放置轴网"上下文选项卡。在"属性"面板中，单击【编辑类型】弹出"类型属性"对话框，修改轴线的类型属性。如图 5-4 所示，"符号"宽度系数改为"0.5"；勾选"平面视图轴号端点 1（默认）""平面视图轴号端点 2（默认）"，将显示轴线两端的标记；"轴线中段"切换为"连续"，点击【确认】完成修改。

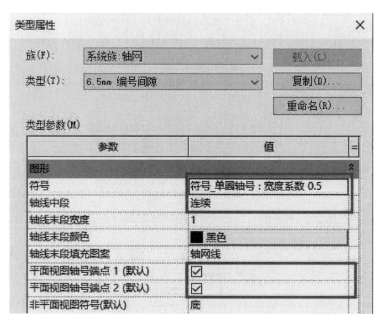

图 5-4　修改轴线的类型属性

2. 绘制横向轴线

使用默认的【直线】工具绘制轴线 1，先采用直接绘制或复制的方法创建轴线 2 至轴线 6，Revit 自动按照阿拉伯数字顺序排序。然后创建平面图上方的四条附加轴线，将轴号分别修改为"1/1""1/2""1/4"和"1/5"。

3. 绘制纵向轴线

绘制一条纵向轴线，将轴号修改为"A"。同样先创建轴线 B、C、D，Revit 自动按照大写英文字母顺序排序。然后创建附加轴线 1/B 和 1/C，修改附加轴号。

> 【提示】复制轴线时，建议分别勾选选项栏中【约束】和【多个】选项。
> "约束"限制复制方向只能为水平或垂直方向；"多个"允许连续复制出多个对象。

4. 编辑轴网

调整"1/1""1/2""1/4"和"1/5"四条附加轴线的显示，如图 5-5 所示，对四条附加轴号分别进行"解锁"，拖拽缩短轴线长度。

如图 5-6 所示，去掉勾选，隐藏轴线的下方轴号，首层的轴线绘制完毕。

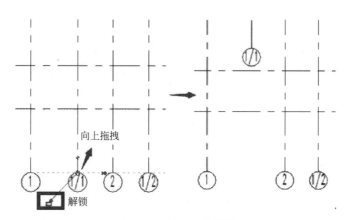

图 5-5　解锁并拖拽轴线

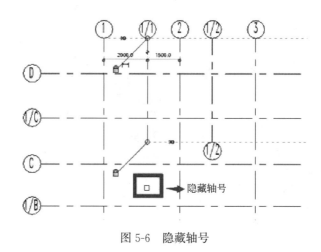

图 5-6　隐藏轴号

5.2　建筑基本构件的创建和编辑

5.2.1　墙体的创建

学生公寓项目中有 240mm 和 180mm 两种墙体，识读建筑图纸 J-1 中给出的墙体要求提取墙体信息表，如表 5-2 所示。

墙体信息表　　　　　　　　　　　　　　　　　　　表 5-2

名称	功能	材质	厚度(mm)	类型
240mm 墙体	面层 1(4)	水泥砂浆	10	基本墙
	结构层(1)	水泥空心砌块	220	
	面层 1(4)	水泥砂浆	10	
180mm 墙体	面层 1(4)	水泥砂浆	10	基本墙
	结构层(1)	水泥空心砌块	160	
	面层 1(4)	水泥砂浆	10	

1. 新建墙体类型

（1）单击【建筑】选项卡→【墙】下拉列表→【墙：建筑】，在"属性"面板中，单击【编辑类型】，进入"类型属性"对话框，单击对话框右上角的【复制】按钮，复制出一个新的墙体类型并命名为"240mm 墙体"，如图5-7所示。

（2）单击类型属性对话框"结构"右侧的【编辑】按钮，进入"编辑部件"对话框，如图5-8所示，将"结构［1］"厚度改成"220"。

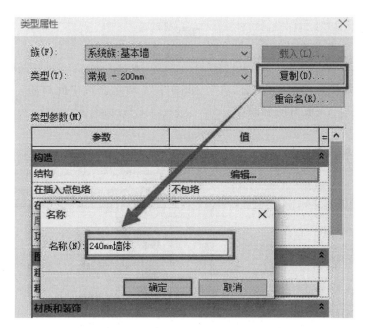

图 5-7　复制新的墙体类型并命名

图 5-8　编辑墙体部件

单击"结构［1］"的材质一栏中"＜按类别＞"右侧的矩形小图标，如图5-9所示，进入"材质浏览器"。

（3）根据图纸要求，结构层材质为"水泥空心砌块"。在"材质浏览器"中搜索发现没有"水泥空心砌块"材质，因此需要新建此材质。在材质浏览器中单击【新建材质】图

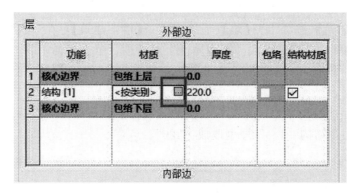

图 5-9　修改材质

标，将新材质重命名为"水泥空心砌块"，如图 5-10 所示。选中此材质，点击对话框右下角的【确定】按钮，完成材质修改。

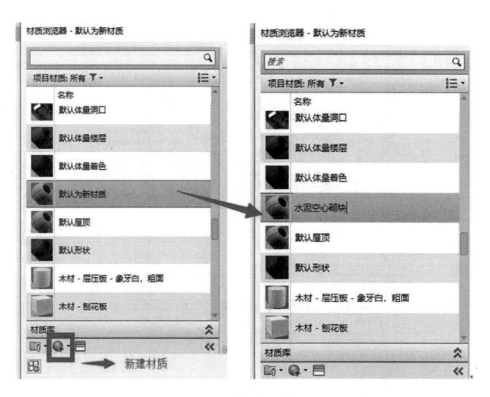

图 5-10　新建材质并重命名

（4）单击"核心边界"左侧的"1"选中该栏，点击表格下方【插入】按钮，插入新的构造层，如图 5-11 所示。将这层的"功能"由"结构［1］"改为"面层 1［4］"，将"材质"改为"水泥砂浆"（在材质浏览器中有"水泥砂浆"材质，直接选择即可），"厚度"改成"10"。

（5）选中核心边界（包络下层）那一栏，单击【插入】按钮，插入新的构造层单击【向下】按钮让新建的层位于最下方，如图 5-12 所示。

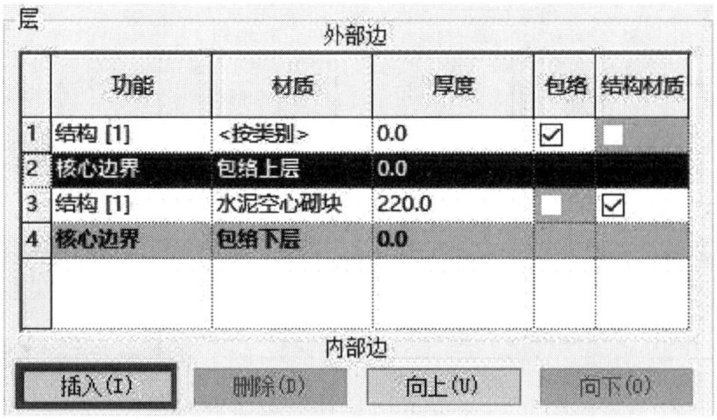

图 5-11　插入新的构造层

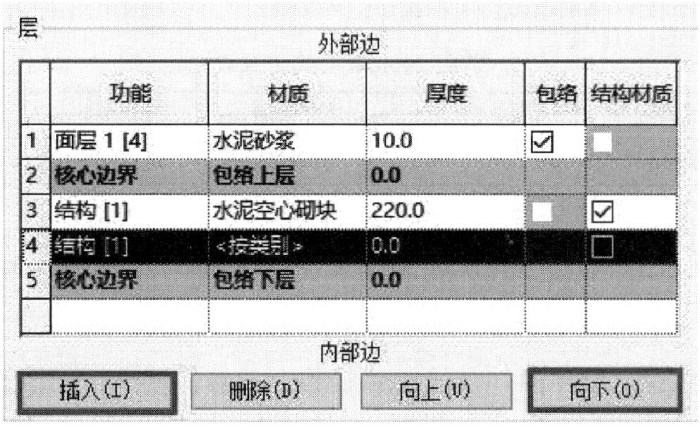

图 5-12　调整构造层的位置

修改最下方层的"功能"由"结构［1］"改为"面层 1［4］",将"材质"改为"水泥砂浆","厚度"改成"10",完成效果如图 5-13 所示。设置好之后,单击两次【确定】按钮完成 240mm 墙体的设置。

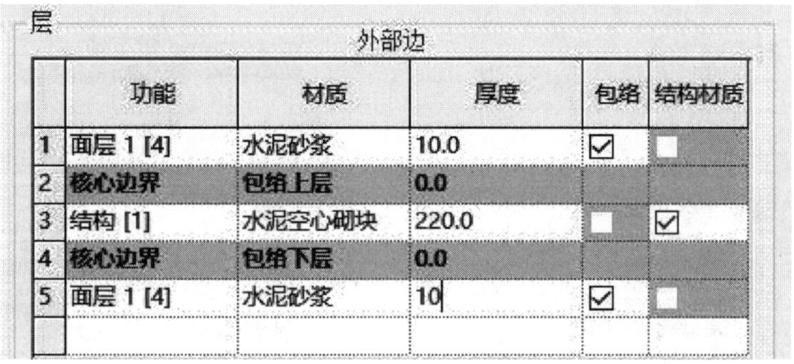

图 5-13　240mm 墙体构造层的设置

(6) 在当前 240mm 墙体的"属性"面板单击【编辑属性】,单击【复制】按钮复制出新的墙体样式,并命名为"180mm 墙体"。单击类型属性对话框"结构"右侧的【编辑】按钮,进入"编辑部件"对话框,修改"结构［1］"的"厚度"为"160",修改后 180mm 墙体各层设置如图 5-14 所示。

层			外部边		
	功能	材质	厚度	包络	结构材质
1	面层 1 [4]	水泥砂浆	10.0	☑	☐
2	核心边界	包络上层	0.0		
3	结构 [1]	水泥空心砌块	160.0	☐	☑
4	核心边界	包络下层	0.0		
5	面层 1 [4]	水泥砂浆	10.0	☑	☐

图 5-14　180mm 墙体构造层的设置

2. 墙体的创建

识读首层平面图提取墙体信息，如表 5-3 所示。

首层 240mm 墙体信息表　　　　　　　　　　　　　　表 5-3

名称	定位线	底部限制条件	底部偏移	顶部约束	顶部偏移
240mm 墙体	墙中心线	1F	0	2F	0

墙体设置完成后，在"属性"面板中，选择"240mm 墙体"，在"属性"面板上设置其实例属性。

（1）定位线设置

定位线指的是在绘制墙体时，与绘制路径重合的墙体基准。如图 5-15 所示，切换为"墙中心线"。

（2）底部限制条件、顶部约束设置

同样修改首层墙体的约束高度参数：单击"底部限制条件"右侧下拉菜单选择"1F"，单击"顶部约束"右侧下拉菜单选择"直到标高：2F"，如图 5-16 所示。

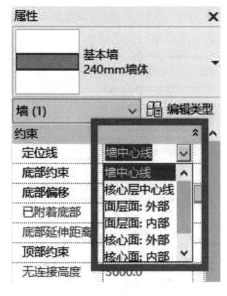

图 5-15　定位线设置

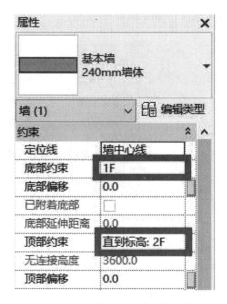

图 5-16　顶部、底部限制条件

（3）创建 240mm 墙体

使用"墙体"中默认的【直线】工具创建墙体，跟随轴线连续绘制墙体，在墙体交接处和转角处，Revit 会自动连接墙体。

学生公寓的平面布置是对称的，因此我们可以创建一半的墙体，然后直接镜像生成另一半墙体，如图 5-17 所示。

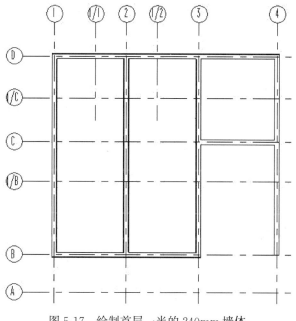

图 5-17　绘制首层一半的 240mm 墙体

如图 5-18 所示，距离 4 轴线 1900mm 绘制参照平面，作为绘制平面中部卫生间墙体的参照。

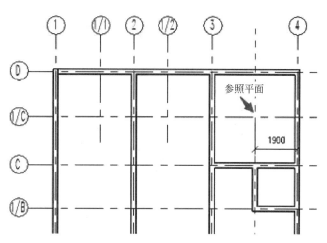

图 5-18　根据参照平面绘制中部卫生间墙

（4）创建 180mm 墙体

观察图纸 J-2，提取出 180mm 墙体的信息表，如表 5-4 所示。

180mm 墙体信息表　　　　　　　　　　表 5-4

墙体位置	定位线	底部限制条件	底部偏移	顶部约束	顶部偏移
宿舍卫生间墙体	墙中心线	1F	0	2F	0
走廊外部墙体	面层面：外部	1F	0	2F	0

单击【建筑】选项卡→【墙】下拉列表→【墙：建筑】，在属性面板"类型选择器"中切换为"180mm 墙体"，使用默认的【直线】工具绘制，如图 5-19 所示，创建宿舍内部的卫生间墙。

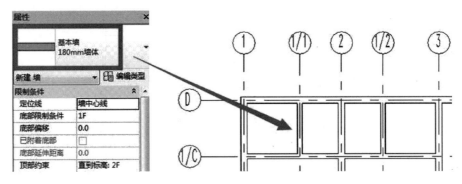

图 5-19　创建宿舍卫生间墙体

识读一层平面图，走廊外部墙体与轴线的关系如图 5-20 所示。

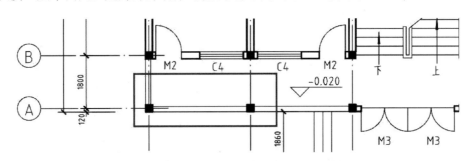

图 5-20　一层平面图中走廊墙体与轴线的关系

可以使用参照平面来辅助墙体的定位，如图 5-21 所示，绘制参照平面 1 和参照平面 2。

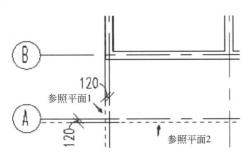

图 5-21　图纸中走廊墙体与轴线的关系

如图 5-22 所示，在属性面板中将"定位线设置"切换为"面层面：外部"，利用参照平面创建走廊外部墙体。

（5）镜像创建墙体

如图 5-23 所示，高亮选中墙体，点击【镜像（拾取轴）】工具，拾取中部卫生间墙体的参照平面作为镜像轴，将西半边的墙体镜像到东半边。

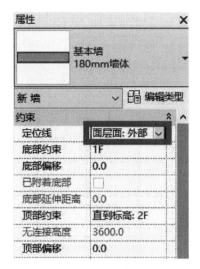

图 5-22　走廊 180mm 墙体的定位线设置

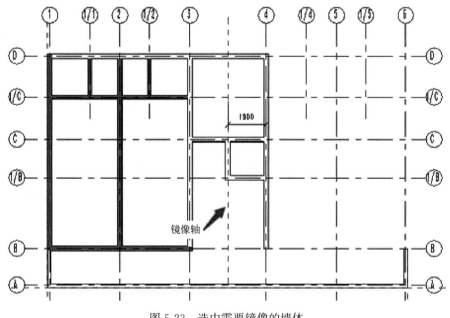

图 5-23　选中需要镜像的墙体

如图 5-24 所示，将 D 轴上的外墙往右拖拽与 6 轴墙体相连接，完成墙体的创建。

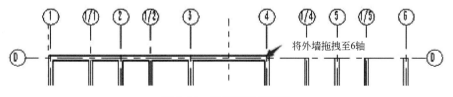

图 5-24　镜像和拖拽墙体

（6）调整外墙的底部限制条件

需要将建筑模型的外墙体延伸至室外地坪，如图 5-25 所示，选择所有外墙，在属性面板中将"底部限制条件"切换为"室外地坪"。

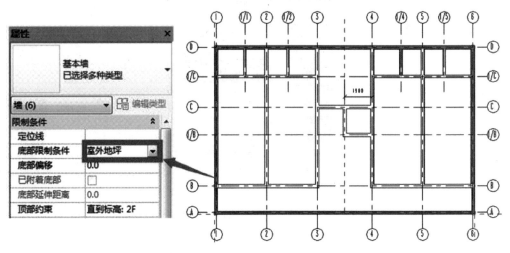

图 5-25 调整外墙的底部限制条件

（7）调整走廊的墙体的顶部限制条件

观察图纸 J-5 南立面图，如图 5-26 所示，走廊处的墙体顶部只到 0.900m 处，墙体的上部是栏杆，因此需要调整走廊墙体的高度。

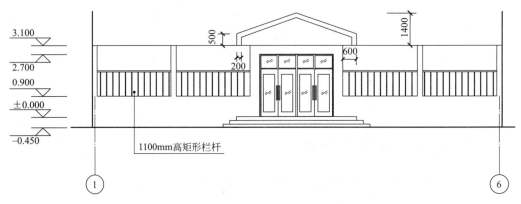

图 5-26 南立面图走廊墙体的顶部标高

如图 5-27 所示，选中走廊处的三面墙体，在"属性"面板中，调整"顶部约束"为"直到标高：1F"，"顶部偏移"为"900"。

切换至三维视图观察创建完成的墙体，效果如图 5-28 所示。

5.2.2 门窗的创建

学生公寓中的门窗均可使用 Revit 软件自带族库中的门族、窗族来绘制。

1.门的创建

识读图纸 J-1 的门窗表提取门的创建信息，如表 5-5 所示。

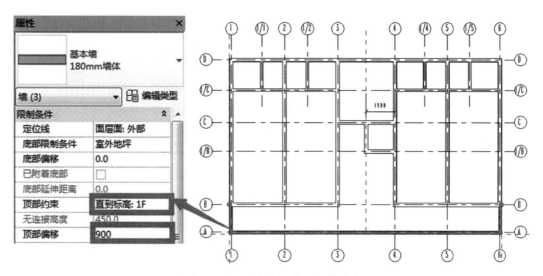

图 5-27　调整走廊墙体的顶部约束

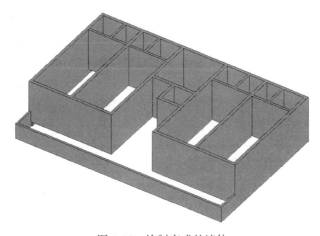

图 5-28　绘制完成的墙体

门的创建信息　　　　　　　　　　　　　　　　　　　　　表 5-5

代号	宽度(mm)	高度(mm)	开启类型	族名称
M1	700	2100	平开门	单扇—与墙齐
M2	900	2400	平开门	单扇—与墙齐
M3	1600	2700	平开门(带亮窗)	双扇嵌板玻璃门3—带亮窗
BLM-1	1790	2700	推拉门	双扇推拉门5

（1）使用建筑样板文件中的门族创建门

切换至平面图"1F"，单击【建筑】选项卡→【门】，在属性面板"类型选择器"中选择建筑样板自带的"单扇-与墙齐750×2000mm"，学生公寓中的 M1 和 M2 均使用这个单扇平开门绘制，但需要更改尺寸后才能使用。单击【编辑类型】进入"类型属性"对话框，单击【复制】按钮复制出新的门类型，并命名为"M1"。如图 5-29 所示，修改 M1 的尺寸，"高度"改为"2100"，"宽度"改为"700"。

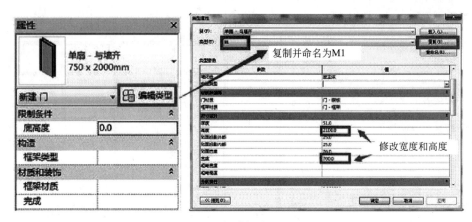

图 5-29　新建门类型 M1

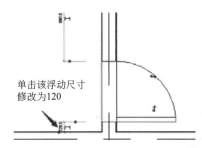

单击该浮动尺寸
修改为120

图 5-30　根据图纸要求修改门垛尺寸

以同样的方法复制新建门类型 M2，修改"高度"为"2400"，"宽度"为"900"。

新建好门类型后，在"属性"面板切换到 M1，按照图纸的尺寸要求放置门。设计说明中要求，门距离墙边的门垛距离为 120mm。如果移动鼠标无法控制浮动尺寸一步到位时，如图 5-30 所示，可以先将门放置在附近位置上，再调整门的下方浮动尺寸为"120"。

【提示】对称的门使用"镜像"工具，方向相同的门通过"复制"工具，善于利用这两个工具，绘制会更快捷。

使用相同的方法绘制其余 M1、M2 门，绘制完成效果如图 5-31 所示。

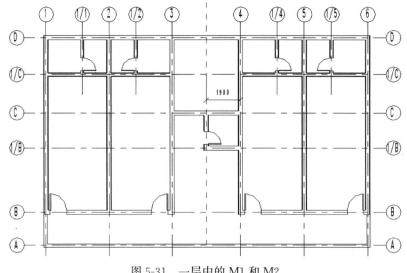

图 5-31　一层中的 M1 和 M2

（2）载入族库中的门族创建门

M3 是双扇平开门，在建筑样板文件里没有，需要从 Revit 软件的族库中载入。单击【建筑】选项卡→【门】展开【修改｜放置门】上下文选项卡，单击【载入族】图标，弹出"载入族"对话框。

如图 5-32 所示，依次按路径【建筑】→【门】→【普通门】→【平开门】→【双扇】打开文件夹，选中"双面嵌板镶玻璃门 3-带亮窗.rfa"，单击【打开】按钮将此门族载入项目中。

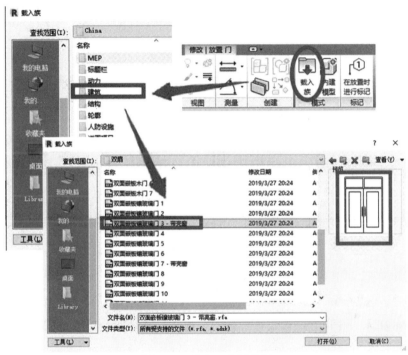

图 5-32　载入双扇平开门

如图 5-33 所示，在"属性"面板中选择"双面嵌板镶玻璃门 3-带亮窗"，单击【编辑类型】按钮进入"类型属性"对话框，复制新建门类型并命名为"M3"，根据图纸的尺寸要求修改宽度和高度。

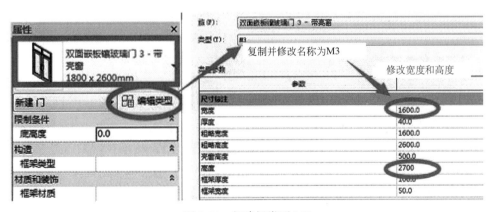

图 5-33　新建门类型 M3

完成 M3 类型的新建后，如图 5-34 所示，放置 M3 并调整右侧浮动尺寸至 4 号轴处。

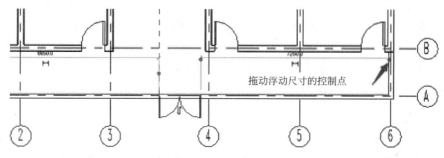

图 5-34　调整浮动尺寸的控制点

如图 5-35 所示，将浮动尺寸数值修改为"300"，并按下键盘上的【Enter 键】进行确认。

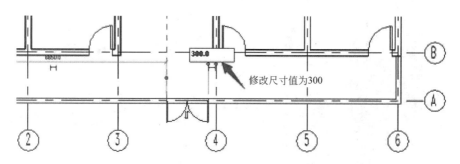

图 5-35　修改浮动尺寸值

如图 5-36 所示，使用"镜像（拾取轴）"命令，镜像出左侧的 M3，完成出入口大门的创建。

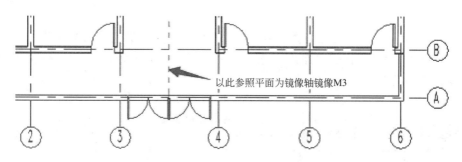

图 5-36　镜像 M3

BLM-1 是双扇推拉门，同样需要从 Revit 软件的族库中载入。单击【建筑】选项卡→【门】展开【修改 | 放置门】上下文选项卡，单击【载入族】图标，弹出"载入族"对话框。

如图 5-37 所示，依次按路径【建筑】→【门】→【普通门】→【推拉门】打开文件夹，选中"双扇推拉门 5. rfa"，单击【打开】按钮将此门族载入项目中。

如前所述，同样的方法复制新建门类型 BLM-1，按图纸尺寸要求放置，完成效果如图 5-38 所示。

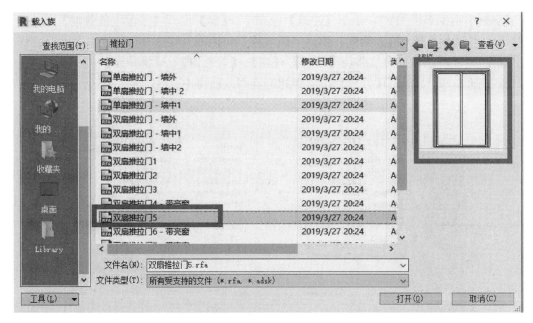

图 5-37　载入双扇推拉门

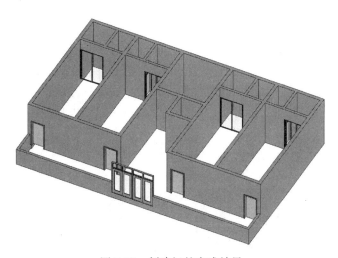

图 5-38　创建门的完成效果

2. 窗的创建

（1）复制新建窗类型

识读图纸 J-1 的门窗表提取窗的创建信息，如表 5-6 所示。

窗的创建信息　　　　　　　　　　　　　　　　　　　　　　表 5-6

代号	宽度（mm）	高度（mm）	离地高度（mm）	载入族名称
C1	1790	1800	900	推拉窗 6
C2	900	900	1800（高窗）	推拉窗 6
C3	2100	1800	900	推拉窗 6
C4	1500	1800	900	推拉窗 6

同样切换回视图"1F",单击【建筑】选项卡→【窗】展开【修改｜放置窗】的上下文选项卡中,单击【载入族】图标,弹出"载入族"对话框。

如图 5-39 所示,依次按路径【建筑】→【窗】→【普通窗】→【推拉窗】打开文件夹,选中"推拉窗 6.rfa",单击【打开】按钮将此窗族载入项目中。

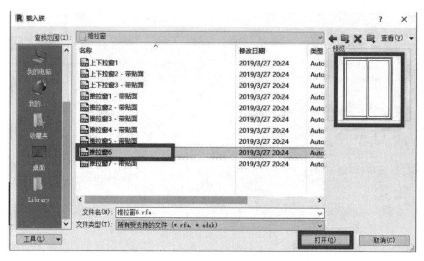

图 5-39　载入推拉窗

在"属性"面板中选择"推拉窗 6.rfa",单击【编辑类型】按钮进入"类型属性"对话框中,如图 5-40 所示。复制新建窗类型并命名为"C1",按要求修改宽度和高度,单击【确定】按钮返回,在当前为 C1 的【属性】面板中,将"底高度"修改为"900"。

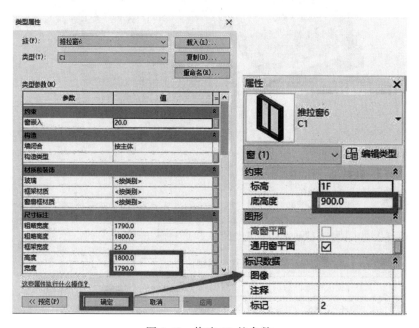

图 5-40　修改 C1 的参数

同样的方式复制新建 C2、C3 和 C4,按尺寸要求分别修改宽度、高度和底高度。

（2）创建窗

如图 5-41 所示，在一层西北侧阳台的墙体放置 C1，C1 窗两侧与墙核心层距离均为 10mm，放置时需要仔细观察浮动尺寸。

【提示】放置 C1 时，如果不能一步到位，可以先将 C1 放置于大概位置，通过拖拽浮动尺寸，修改浮动尺寸数值来确定窗的正确位置。

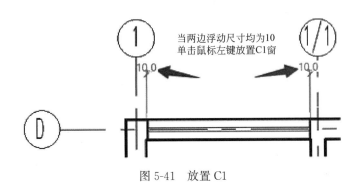

图 5-41　放置 C1

如图 5-42 所示，使用"镜像（拾取轴）"工具，以 2 轴为镜像轴，绘制出 1/2 轴右侧的 C1。

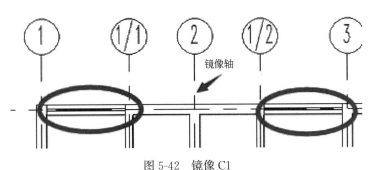

图 5-42　镜像 C1

如图 5-43 所示，再次进行镜像操作，完成 D 轴上 C1 的绘制。

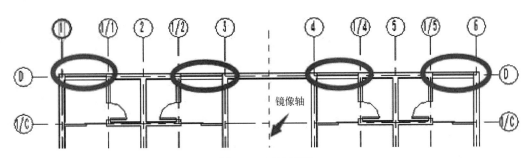

图 5-43　再次镜像

按照同样的方式绘制 C2、C3 和 C4，绘制完成的效果如图 5-44 所示，C2 为高窗。

（3）调整视图范围显示高窗

如图 5-45 所示，由于高窗 C2 的底高度为 1800mm，超出平面视图的默认剖切面高

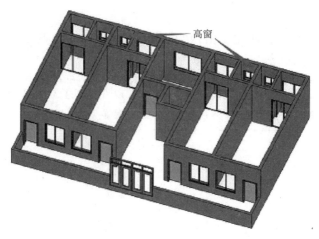

图 5-44　创建窗的完成效果

度，因此在平面视图"1F"中显示不出 C2 窗。

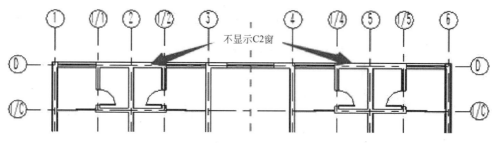

图 5-45　不显示高窗

教学单元 3 介绍了将"通用窗平面"更改为"高窗平面"的方法，在平面视图中能看到虚线表示的高窗。项目创建中也可以通过调整"视图范围"的方法来显示高窗：当视图范围的剖切面取值大于高窗的窗台高度，也就是当平面图的剖切面通过高窗洞口时，将在平面视图中显示高窗。

如图 5-46 所示，切换至"1F"视图平面，在"楼层平面"的属性面板中，单击"视

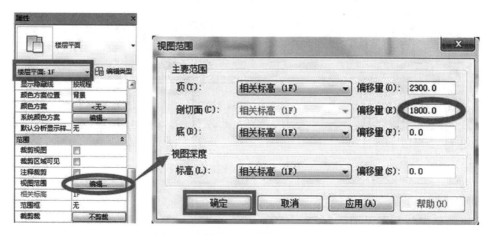

图 5-46　修改平面视图的剖切位置

图范围"右侧【编辑】按钮进入"视图范围"对话框。将"剖切面"的偏移量由默认值"1200"改为"1800"。

修改完成后点击【确定】按钮返回平面视图"1F",如图 5-47 所示,视图中显示C2 窗。

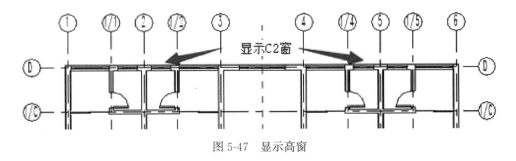

图 5-47 显示高窗

【提示】除了高窗,在绘制其他构件或物体时,由于构件的底高度大于视图剖切面高度,导致构件在平面视图中显示不出来,均可以参照上述方法,通过调整"视图范围"中的"剖切面的偏移量"显示构件。

5.2.3 建筑楼板的创建

识读图纸 J-1 的楼板设置要求以及图纸 J-2 中的楼板标高,提取一层楼板的创建信息,如表 5-7 所示。

名称	适用范围	厚度(mm)	标高
120mm 楼板	宿舍	120	±0.000
120mm 楼板	走廊	120	−0.020
120mm 楼板	值班室及其卫生间	120	−0.600

一层楼板构件信息   表 5-7

如图 5-48 所示,楼板由三部分组成,每部分的标高不同,建议分开绘制。

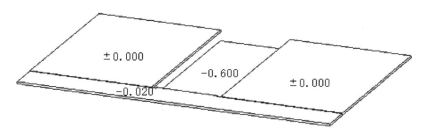

图 5-48 一层楼板标高示意图

1. 新建楼板类型

如图 5-49 所示,单击【建筑】选项卡→【楼板】下拉列表→【楼板:建筑】,在属性面板"类型选择器"选中楼板"常规－150mm",单击【编辑类型】,进入"类型属性"对

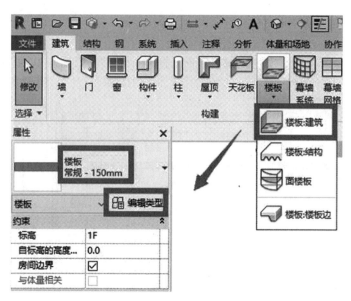

图 5-49　创建建筑楼板

话框。

　　单击"类型属性"对话框右上角的【复制】按钮，复制新建楼板类型并命名为"120mm 楼板"，点击"结构"右侧的【编辑】按钮，进入"编辑部件"对话框，将"结构〔1〕"的厚度改为"120"，如图 5-50 所示，单击【确定】按钮完成新建楼板类型。

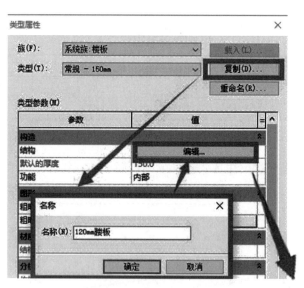

	功能	材质	厚度	包络	结构材质	可变
1	核心边界	包络上层	0.0			
2	结构 [1]	<按类别>	120.0	□	☑	□
3	核心边界	包络下层	0.0			

图 5-50　新建并修改楼板

2. 创建楼板

（1）创建－0.600 标高的楼板

－0.600 标高楼板的范围是值班室及其周围的区域，调用"矩形"工具绘制－0.600 区域楼板边界，如图 5-51 所示。

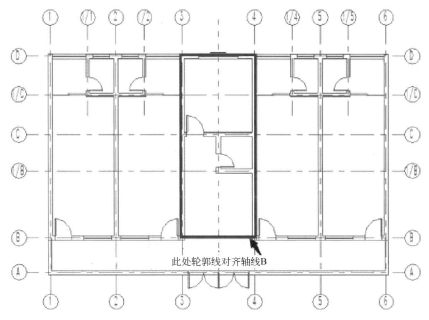

此处轮郭线对齐轴线 B

图 5-51　绘制值班室区域楼板边界

【提示】绘制轮廓时，注意下方轮廓线对齐 B 轴线，因为从±0.000 区域往下走到－0.600 区域的楼梯踏步是从 B 轴线起步的。

在属性面板中将"自标高的高度偏移"修改为"－600"，如图 5-52 所示，单击选项卡中【√】图标，完成楼板的创建。

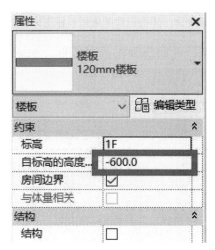

图 5-52　修改值班室区域楼板标高偏移值

（2）创建－0.020 标高的楼板

－0.020 标高楼板的范围是走廊区域，展开【修改｜创建楼层边界】上下文选项卡，调用【直线】工具绘制楼板边界，如图 5-53 所示。

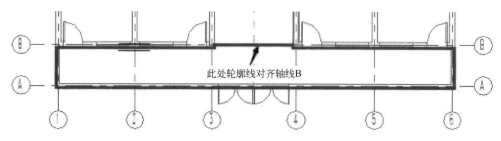

此处轮廓线对齐轴线B

图 5-53　绘制走廊区域楼板边界

【提示】注意此处楼板轮廓不是矩形，中间与楼梯交界的部分轮廓线对齐 B 轴线，－0.020 楼板与－0.600 楼板的轮廓刚好能够交接。

在属性面板中将"自标高的高度偏移"修改为"－20"，如图 5-54 所示。

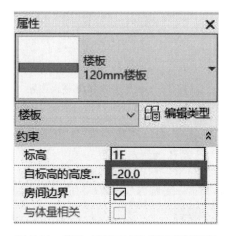

图 5-54　修改走廊区域楼板标高偏移值

点击选项卡中【√】图标，此时会弹出的对话框，如图 5-55 所示，单击"否"即可完成楼板的创建。

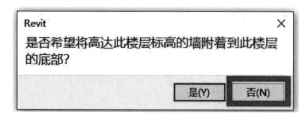

图 5-55　完成编辑时弹出的对话框

（3）创建±0.000 标高的楼板

±0.000 标高楼板的范围是东西两侧的宿舍区域，展开【修改│创建楼层边界】上下文选项卡，调用【矩形】工具绘制楼板边界，如图 5-56 所示。

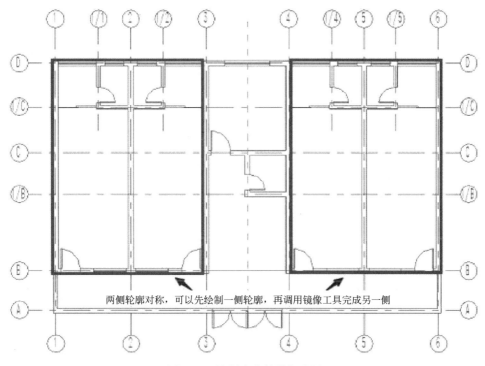

两侧轮廓对称，可以先绘制一侧轮廓，再调用镜像工具完成另一侧

图 5-56　绘制宿舍的楼板边界

在"属性"面板中将"自标高的高度偏移"修改为"0"，如图 5-57 所示，单击选项卡中【√】图标，完成楼板的绘制。

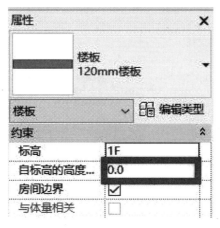

图 5-57　修改标高偏移值

（4）修改－0.600 楼板四周墙体和门的底部偏移

选中 D 轴上的墙体使用"拆分图元"工具打断，将 D 轴上完整的一面墙体拆分成三段，如图 5-58 所示。

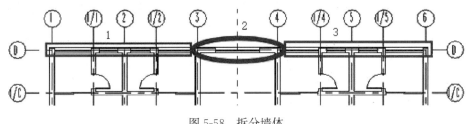

图 5-58　拆分墙体

切换至"三维视图"，选中需要调整高度的墙体，在属性面板中将这些墙体的"底部约束"调整为"1F"，"底部偏移"调整为"－600"，如图 5-59 所示。

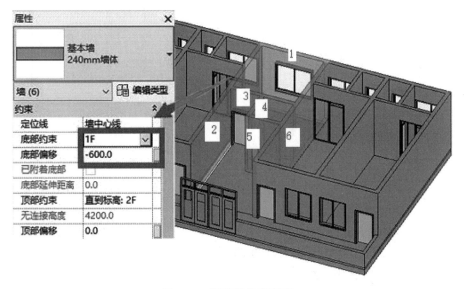

图 5-59　调整墙体的高度

同样选中宿管值班室和卫生间的门，如图 5-60 所示，在属性面板中将这两个门的"底高度"修改为"－600"。

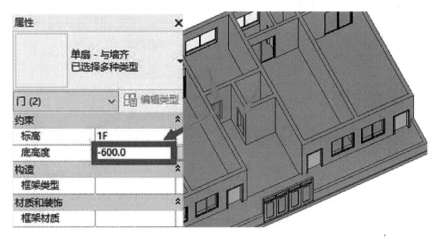

图 5-60　修改两个门的底高度

5.2.4 楼梯的创建

1. 绘制楼梯的参照平面

楼梯相对于其构件来说，细部构造较复杂，细部尺寸较多，如图 5-61 所示，因此建议使用参照平面来进行楼梯的定位。

数字资源5-2

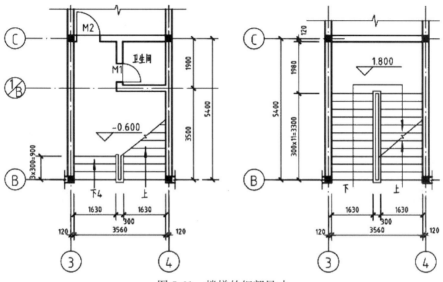

图 5-61 楼梯的细部尺寸

首层楼梯梯段由两部分组成："1F→2F"梯段和"±0.000→−0.600"梯段。在绘制楼梯时需要通过参照平面定位，将这两部分的梯段宽度、梯段起始和终结位置、梯段中心线都绘制出来。进入"1F"视图平面，单击【建筑】选项卡→【参照平面】，绘制参照平面，如图 5-62 所示。

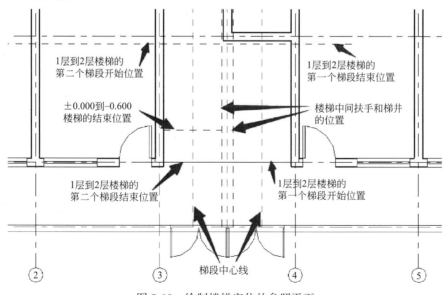

图 5-62 绘制楼梯定位的参照平面

163

2. 创建 1F 到 2F 的楼梯

如图 5-63 所示，单击【建筑】选项卡→【楼梯】，展开【修改│创建楼梯】上下文选项卡。

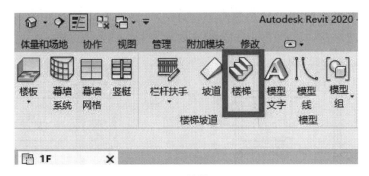

图 5-63　楼梯工具

（1）调整楼梯参数

在属性面板"类型选择器"中选择"整体浇筑楼梯"，调整"底部标高"为"1F"；"顶部标高"为"2F"；"所需踢面数"为"24"；"实际踏板深度"为"300"，如图 5-64 所示。

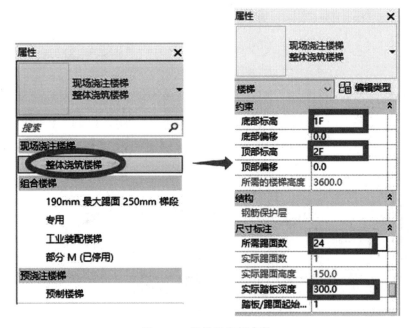

图 5-64　楼梯的实例参数

在属性面板上方的选项栏中，将"定位线"切换为"梯段：中心"，"实际梯段宽度"修改为"1630"；勾选"自动平台"复选框，如图 5-65 所示（打勾代表绘制楼梯时自动生

图 5-65　调整楼梯选项栏

成楼梯中转平台）。

（2）创建第一跑梯段

如图 5-66 所示，调用"直梯"工具绘制第一跑梯段，分别点取右侧梯段中心线的两个端点，绘制时下方会显示"创建了 12 个踢面，剩余 12 个"的提示。

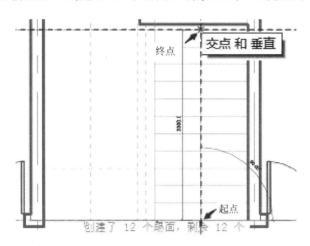

图 5-66　绘制第一跑梯段

（3）创建第二跑梯段

如图 5-67 所示，同样点取左侧梯段的中心线两个端点，绘制第二跑梯段，绘制时下方会显示"创建了 12 个踢面，剩余 0 个"的提示。

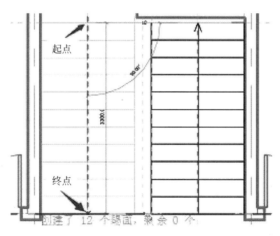

图 5-67　绘制第二跑梯段

（4）调整平台宽度

系统自动生成的楼梯平台宽度不符合要求，需要手动调整。如图 5-68 所示，单击选中楼梯休息平台，将上方造型操纵柄拖拽至墙面。

（5）确认完成 1F 到 2F 楼梯的创建

如图 5-69 所示，单击【修改│创建楼梯】上下文选项卡中【√】图标，将弹出"栏杆不连续"的警告，可直接关闭该警告，完成楼梯的创建，之后单独调整栏杆。

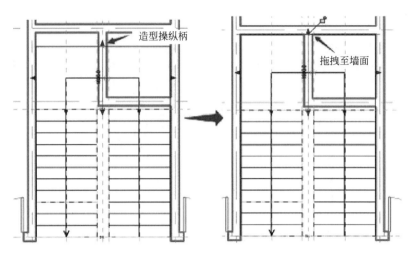

图 5-68　调整平台宽度

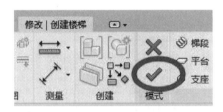

图 5-69　确认完成楼梯的创建

3. 调整梯段处卫生间墙体

切换至"三维视图"观察发现，此时卫生间的墙体突出楼梯中间平台，如图 5-70 所示。

如图 5-71 所示，首层楼梯中间平台的标高为 1.800，墙体的顶部标高需要在平台标高以下，考虑平台板厚度建议将墙体的顶部标高修改为 1.700。

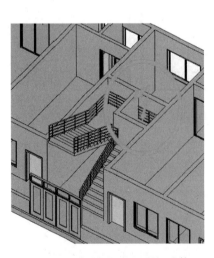

图 5-70　需要调整的卫生间墙体

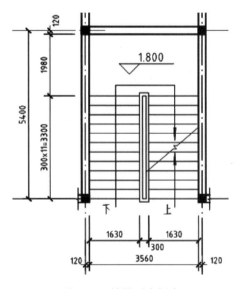

图 5-71　楼梯平台标高

选中需要调整的卫生间墙体，在属性面板中将"顶部约束"切换为"直到标高：1F"，将"顶部偏移"修改为"1700"，如图 5-72 所示。

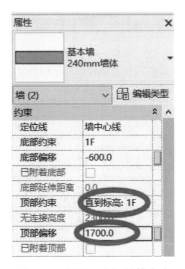

图 5-72　调整卫生间墙体高度

4. 调整楼梯栏杆扶手

（1）删除靠墙栏杆

系统自动生成楼梯时，默认梯段的两侧都设置栏杆，不设置靠墙栏杆时可直接删除。如图 5-73 所示，在"三维视图"视图中，选中不需要的靠墙栏杆，按下键盘中的【Delete键】删除。

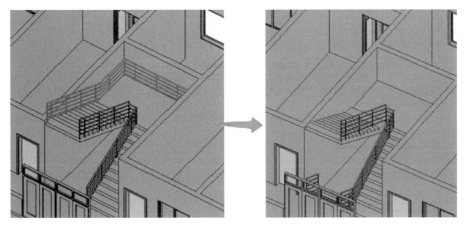

图 5-73　删除靠墙栏杆

（2）调整梯段转折处栏杆

双击梯段转折处栏杆进入"栏杆路径编辑"界面，按构造调整两跑梯段栏杆的高度差。切换至楼层视图"1F"，如图 5-74 所示，选中栏杆转折处的路径草图，向平台方向移动 250mm。

单击选项卡中【√】图标完成调整，如图 5-75 所示，分别为栏杆调整前后的对比。

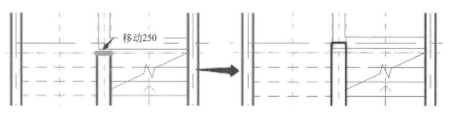

图 5-74　编辑转折处栏杆路径

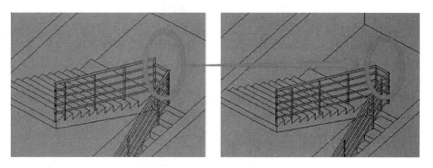

图 5-75　栏杆调整前后效果对比

5. 创建－0.600 到±0.000 梯段

单击【建筑】选项卡→【楼梯】，展开【修改｜创建楼梯】上下文选项卡在属性面板"类型选择器"中选择"整体浇筑楼梯"，如图 5-76 所示，将"底部标高"切换为"1F"，"底部偏移"修改为"－600"，"顶部标高"切换为"1F"，"所需踢面数"修改为"4"，"实际踏板深度"修改为"300"。

调整属性面板上方的选项栏参数，将"定位线"切换为"梯段：中心"，"实际梯段宽度"修改为"1630"；勾选"自动平台"复选框，如图 5-77 所示，分别点取梯段中心线的两个端点绘制梯段，绘制时会显示"创建了 4 个踢面，剩余 0 个"的提示。

图 5-76　调整底部和顶部限制条件

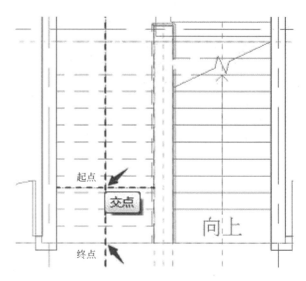

图 5-77　绘制－0.600 到±0.000 梯段

单击选项卡中【√】图标完成梯段创建，同样方式调整栏杆扶手，完成效果如图 5-78 所示。

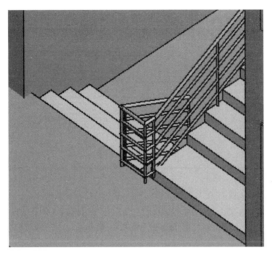

图 5-78　−0.600 到±0.000 梯段完成效果

【提示】楼梯创建完成后，为保持界面整齐，建议删除参照平面。

5.2.5　构造柱的创建

识读 J-2 首层平面图可知，在纵横墙体连接处设有同墙厚的构造柱，用于加强房屋的整体性。

1. 新建柱类型

切换至"1F"视图平面，如图 5-79 所示，单击【建筑】选项卡→【柱】下拉列表→【柱：建筑】展开【修改丨放置柱】上下文选项卡。

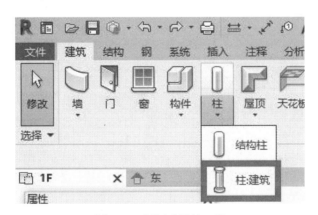

图 5-79　调用建筑柱工具

在属性面板"类型选择器"中，选择"矩形柱 475×610mm"，单击【编辑类型】，如图 5-80 所示。

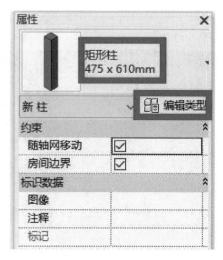

图 5-80　编辑柱类型

在弹出的"类型属性"对话框中，复制新的矩形柱类型，并命名为"240×240mm"，如图 5-81 所示。

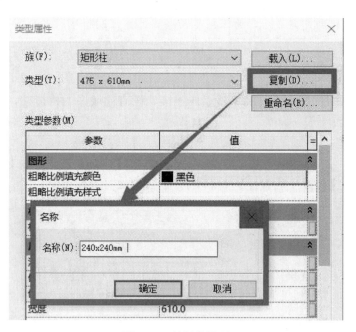

图 5-81　复制柱类型

设置柱类型参数，将深度和宽度都修改为"240"，点击【复制】按钮完成建筑柱类型的复制，如图 5-82 所示。

2. 创建构造柱

如图 5-83 所示，在【修改｜放置柱】选项栏中将放置方式切换为"高度"，顶部约束修改为"2F"。

在 1 轴与 D 轴相交处放置构造柱，如图 5-84 所示，会弹出警告对话框，提醒柱子放

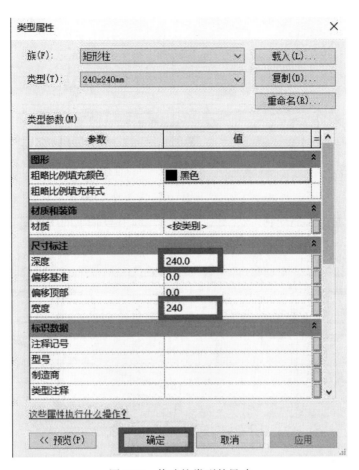

图 5-82　修改柱类型的尺寸

图 5-83　调整选项栏的设置

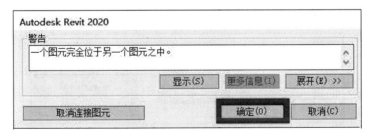

图 5-84　警告对话框

置后将完全被包在墙体内，单击【确定】按钮完成放置的柱子。

　　选中已放置好的柱子，调用【复制】工具将其向正右方复制到其他轴线相交处，复制时注意基准点的选择，如图 5-85 所示。

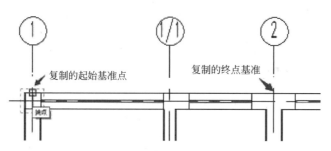

图 5-85　复制柱的基准点选择

完成 D 轴上的六条构造柱后，同样可采用复制方法创建其轴线上的柱子。如图 5-86 所示，在"1"处单击，拖动到"2"处进行框选，选中 D 轴上的所有图元。

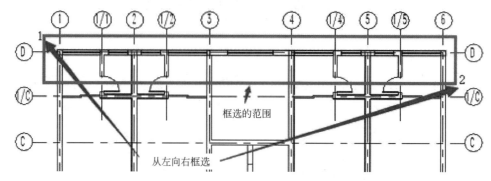

图 5-86　框选轴线 D 上的图元

点击【修改 | 放置多个】上下文选项卡中的【过滤器】工具图标，弹出"过滤器"对话框，如图 5-87 所示，勾选"柱"类别，单击【确定】按钮选中 D 轴上 6 条柱子。

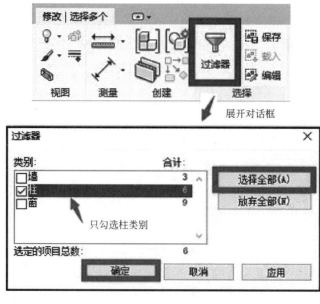

图 5-87　过滤器选择

使用【复制】工具将这 6 条柱子分别复制到 B 轴和 A 轴的对应位置，同样方法创建 C 轴上的 2 条柱子，完成一层柱子的创建。如图 5-88 所示，A 轴走廊处的柱子可以直接观察到，其余柱子在墙体内部。移动光标触碰到柱子，可以观察到蓝显状态下的柱子。

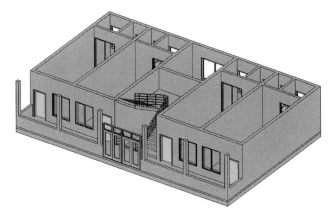

图 5-88   柱子创建完成效果

5.2.6   构件在不同楼层平面之间的复制

数字资源5-3

识读学生公寓建筑施工图，发现项目的二层、三层平面与首层平面大致相同，只有少许的局部布置有变化。因此可以将首层的建筑构件复制到二层平面和三层平面，再进行局部的修改。

1. 利用首层平面构件复制创建二层楼层

（1）使用"过滤器"选中要复制的建筑构件

在"项目浏览器"中，进入"1F"平面视图，框选一层中的所有对象，点击【修改 | 放置多个】上下文选项卡中的【过滤器】工具图标，弹出"过滤器"对话框，如图 5-89 所示，去掉"参照平面""轴网"和"楼板"类别的勾选，单击【确定】完成选择。

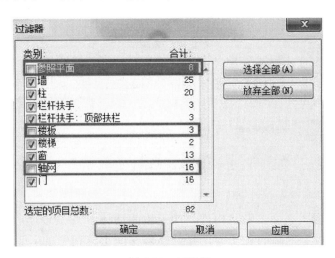

图 5-89   过滤器

【提示】二层楼板与首层相差较大，建议重新创建，故去掉相应类别的勾选。

（2）将选中的建筑构件复制到二层

选择完成后，点击【修改｜放置多个】上下文选项卡中的【复制到剪贴板】工具，如图 5-90 所示，将构件复制到剪贴板上。

图 5-90 "复制到剪贴板"工具

单击【粘贴】下拉菜单→【与选定的标高对齐】，弹出"选择标高"对话框如图 5-91 所示，选中标高【2F】，点击【确定】完成粘贴操作。

图 5-91 粘贴至标高 "2F"

（3）删除二层平面多余的构件

切换至"2F"视图平面，删除构件，如卫生间墙体、±0.000 到－0.600 楼梯梯段、出入口大门、A 轴线上走廊的柱子等，并调整楼梯间上方宿舍的 M2 门位置，如图 5-92 所示。

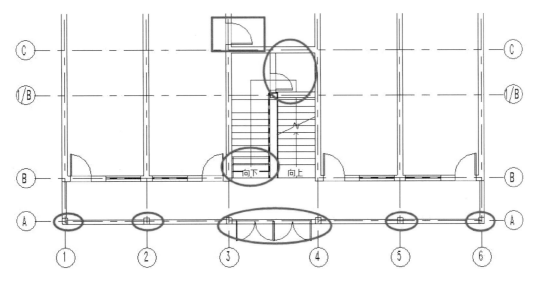

图 5-92　删除和修改二层的构件

> 【提示】椭圆框标识的是要删除的构件，矩形框标识的是需要调整位置的 M2 门。

（4）调整二层墙体高度

切换至"2F"视图平面，用"框选"的方式选中二层平面中的所有图元，点击【修改｜放置多个】上下文选项卡中的【过滤器】工具图标，弹出"过滤器"对话框，如图 5-93 所示，只勾选"墙"类别，单击【确定】按钮选中二层平面中的所有墙体。

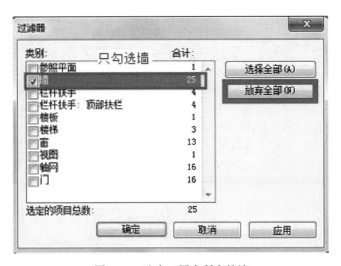

图 5-93　选中二层中所有的墙

在属性面板中，将二层所有墙体的"底部偏移"改成"0"，如图 5-94 所示。

根据图纸要求，选中二层走廊处的墙体，在"属性"面板中，将走廊墙体的"底部偏移""顶部偏移"分别修改为"－500""1100"，如图 5-95 所示，完成二层墙体的编辑。

175

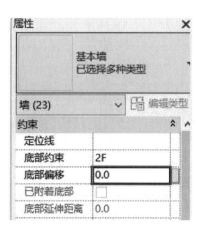

图 5-94 修改墙体的底部偏移

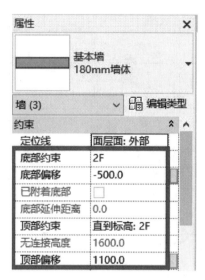

图 5-95 修改走廊栏板的高度

2. 创建二层的楼板

单击【建筑】选项卡→【楼板】下拉列表→【楼板：建筑】，选择楼板类型"120mm楼板"，如图 5-96 所示，绘制楼板的轮廓草图。

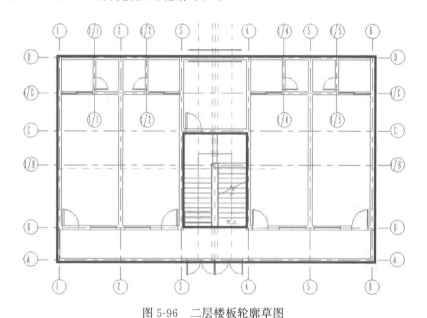

图 5-96 二层楼板轮廓草图

在"属性"面板中将"自标高的高度偏移"修改为"0"，单击选项卡中【√】图标，完成二层楼板的绘制。

> 【提示】在二层楼板的轮廓草图内部楼梯间对应位置绘制矩形草图，将在楼梯间位置挖空楼板。

3. 利用二层楼层复制创建三层楼层

根据图纸要求，二层与三层平面布置基本一致，可直接利用二层楼层复制创建三层楼层，操作方式在此不再赘述，完成后的效果如图 5-97 所示。

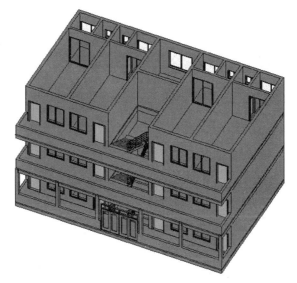

图 5-97　二、三层楼层创建完成的效果

5.2.7　屋顶的创建

1. 绘制参照平面

识读图纸相关内容可知屋顶的底部标高为 10.800，切换至楼层平面视图"檐口"，如图 5-98 所示，沿四周外围轴线向外偏移 420mm 绘制参照平面，用于坡屋顶位置的定位。

数字资源5-4

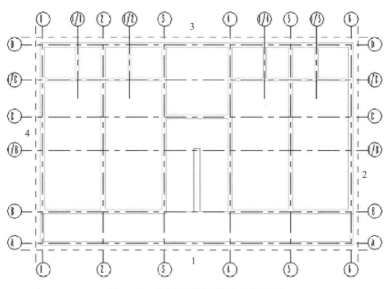

图 5-98　绘制定位屋顶的参照平面

2. 调用屋顶创建工具

单击【建筑】选项卡→【屋顶】下拉菜单→【迹线屋顶】，如图 5-99 所示，展开【修改 | 创建屋顶迹线】上下文选项卡。

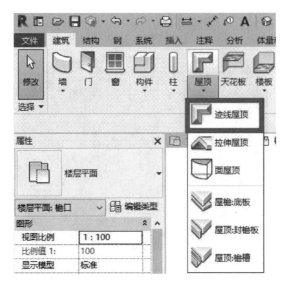

图 5-99　迹线屋顶工具

3. 复制新建屋顶类型

在属性面板"类型选择器"中选中"基本屋顶 常规－400mm"，单击【编辑类型】按钮，如图 5-100 所示，弹出"类型属性"对话框。

图 5-100　编辑类型

点击"类型属性"对话框中【复制】按钮，复制新建的屋顶类型并命名为"120mm"，如图 5-101 所示。

单击"类型属性"对话框中"结构"右侧的【编辑】按钮，将新建屋顶类型的"结构 [1]"的厚度修改为"120"，如图 5-102 所示，点击【确定】关闭对话框，完成屋顶类型的新建。

4. 绘制屋顶轮廓草图

如图 5-103 所示，根据参照平面绘制出屋顶的轮廓草图。每条轮廓线旁分别显示有"定义屋顶坡度"标记，表示屋顶在该轮廓线的方向是有坡度的。选中其中一条或多条轮

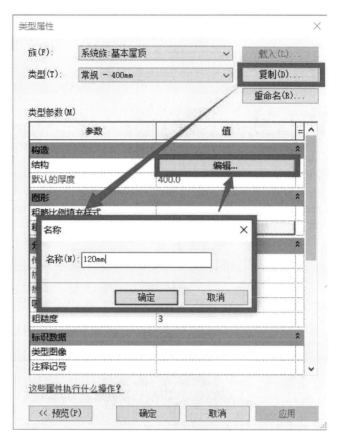

图 5-101　新建屋顶类型

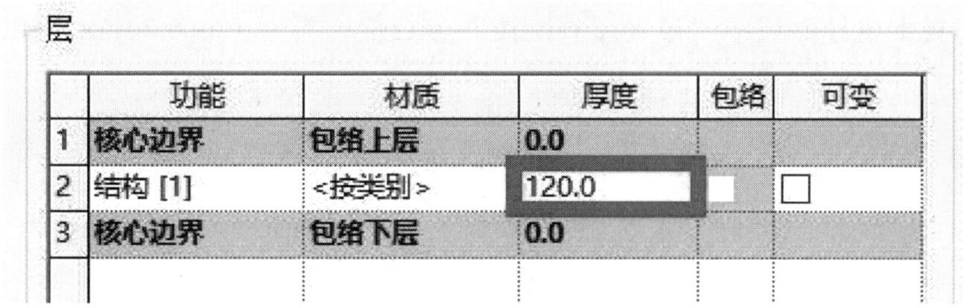

	功能	材质	厚度	包络	可变
1	核心边界	包络上层	0.0		
2	结构 [1]	<按类别>	120.0		☐
3	核心边界	包络下层	0.0		

图 5-102　修改屋顶的结构厚度

廓线，可在属性面板中修改屋顶坡度值。图纸中没有标注屋顶坡度，只给出屋顶最高处的标高为 13.500。因此暂时不调整坡度，直接单击工具卡中【√】图标完成屋顶轮廓的绘制。

> 【提示】在创建迹线平屋顶时，只需在属性面板或选项栏中去掉"定义坡度"的勾选。

5. 调整坡屋顶的高度

切换至"东立面"视图，选中屋顶，如图 5-104 所示，将屋顶顶部造型操控柄拖拽至 13.500 标高处。

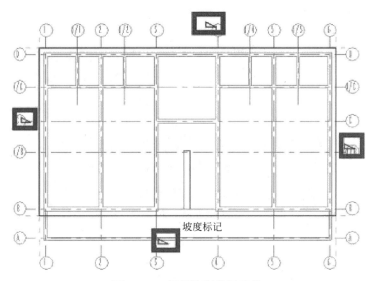

图 5-103　屋顶轮廓草图示意

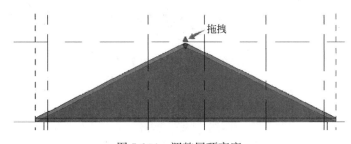

图 5-104　调整屋顶高度

拖拽时观察属性面板中"最大屋脊高度"参数值，当为 13500 时说明拖拽完成，如图 5-105 所示。

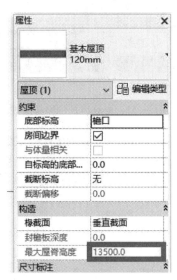

图 5-105　屋顶正脊高度

屋顶创建完成效果如图 5-106 所示。

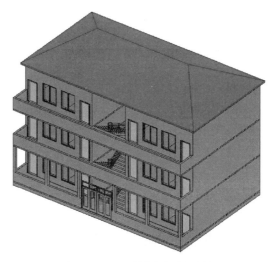

图 5-106　屋顶创建完成的效果

5.3　建筑细部构件的创建和编辑

5.3.1　室外台阶的创建

1. 绘制参照平面

出学生公寓正门处设有三级台阶，可利用"楼板"工具创建。进入"1F"视图平面，如图 5-107 所示，根据图纸 J-2 首层平面图中台阶尺寸创建参照平面。

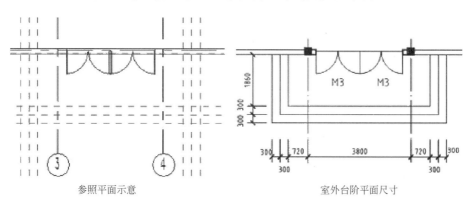

参照平面示意　　　　　　　室外台阶平面尺寸

图 5-107　绘制参照平面

2. 创建第一级台阶踏步

单击【建筑】选项卡→【楼板】下拉菜单→【楼板：建筑】展开【修改｜创建楼层边界】上下文选项卡。读图可知台阶踢面高为 150mm，在属性面板"类型选择器"中选择"常规—150mm"楼板类型，将"自标高的高度偏移"修改为"－300"如图 5-108 所示，绘制第一级踏步的轮廓草图。

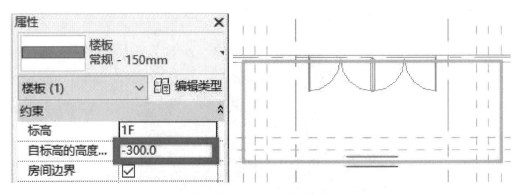

图 5-108　绘制第一级踏步轮廓草图

单击选项卡中【√】图标，完成第一级踏步的创建。

3. 创建第二级台阶踏步

重复以上操作，调整属性面板"自标高的高度偏移"为"－150"，如图 5-109 所示，绘制第二级踏步的轮廓草图。

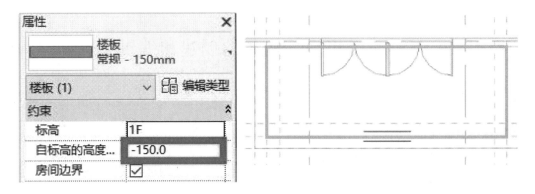

图 5-109　绘制第二级踏步轮廓草图

单击选项卡中【√】图标，完成第二级踏步的创建。

4. 创建第三级台阶踏步

同样重复以上操作，调整属性面板"自标高的高度偏移"为"0"，如图 5-110 所示，绘制第三级踏步的轮廓草图。

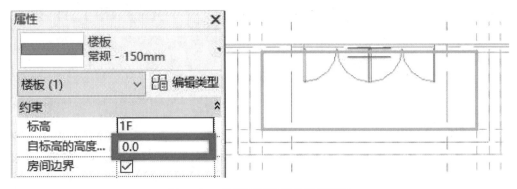

图 5-110　绘制第三级踏步轮廓草图

单击选项卡中【√】图标，完成第三级踏步的创建。台阶创建完成效果如图 5-111 所示。

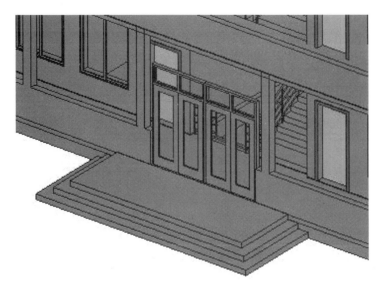

图 5-111　台阶绘制完成

5.3.2　雨篷的创建

数字资源5-5

如图 5-112 所示，学生公寓大门处的雨篷形状特殊，建议采用内建模型的方式创建。为方便构件定位，在创建前根据尺寸绘制相应的参照平面。

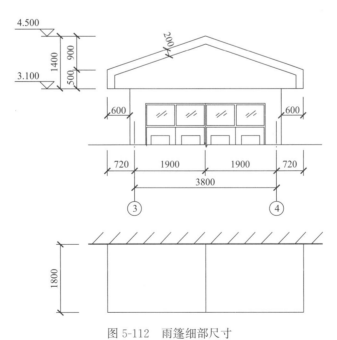

图 5-112　雨篷细部尺寸

1. 绘制参照平面

切换至"南立面"视图中，如图 5-113 所示，绘制雨篷立面的参照平面。

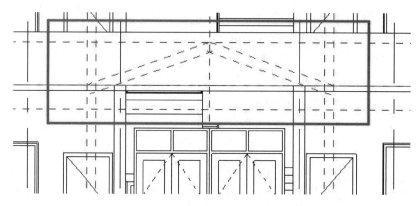

图 5-113　绘制雨篷立面的参照平面

切换至"1F"平面视图，如图 5-114 所示，绘制雨篷平面的参照平面，并在属性面板中将其名称命名为"1"。

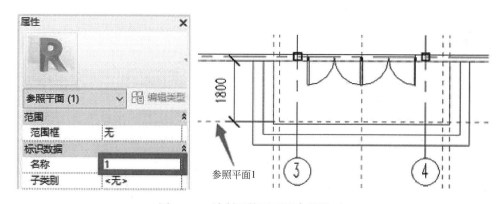

图 5-114　绘制雨篷平面的参照平面 1

2. 进入在位编辑器界面

在"南立面"视图中单击【建筑】选项卡→【构件】下拉菜单→【内建模型】，如图 5-115 所示，在弹出的"族类别和族参数"对话框中，选择族类别为"常规模型"。

点击【确定】按钮，在弹出的"名称"对话框中将其命名为"雨篷"，再次点击【确定】按钮进入内建模型的在位编辑器。

3. 采用"拉伸"形状工具创建雨篷

如图 5-116 所示，单击【创建】选项卡→【拉伸】工具，弹出"工作平面"对话框，选择"参照平面：1"为拉伸的工作平面。

调用【直线】工具根据参照平面绘制雨篷的轮廓草图，如图 5-117 所示。

单击【√】图标，完成拉伸模型的创建。切换到"2F"平面视图，选中雨篷模型，利用造型操纵柄将其拖拽到 A 轴外墙面，如图 5-118 所示。

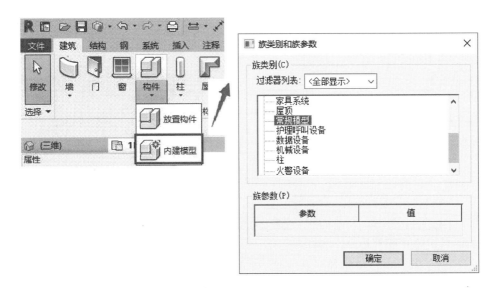

图 5-115　选择内建模型的族类别

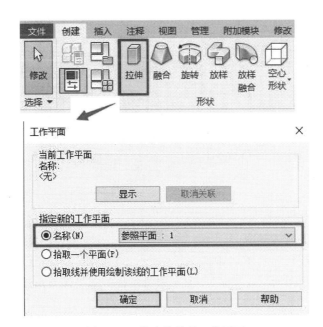

图 5-116　指定拉伸的工作平面

图 5-117　绘制拉伸的轮廓草图

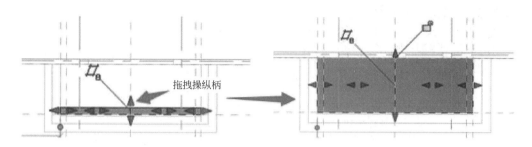

图 5-118　调整雨篷的拉伸距离

【提示】绘制轮廓草图时，也可以在属性面板中设置"拉伸起点""拉伸终点"参数值直接确定拉伸距离。

调整完成后，单击【√完成模型】图标，退出内建模型的在位编辑。如图 5-119 所示，完成雨篷的创建。

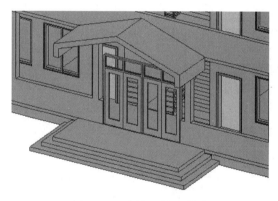

图 5-119　完成雨篷的创建

4. 修改雨篷下方的墙体轮廓

按要求调整雨篷下方的墙体，如图 5-120 所示，在 3 轴、4 轴分别往内 120mm 处绘制参照平面，使用"拆分图元"工具将 A 轴上的墙体在参照平面处打断。

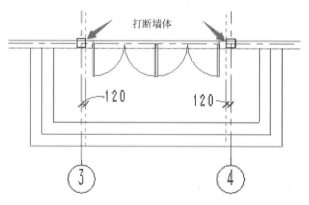

图 5-120　打断墙体

切换到"南立面"视图，如图 5-121 所示，选中需要调整的墙体，在属性面板中，将"顶部约束"调整为"直到标高：2F"，"顶部偏移"修改为"0"。

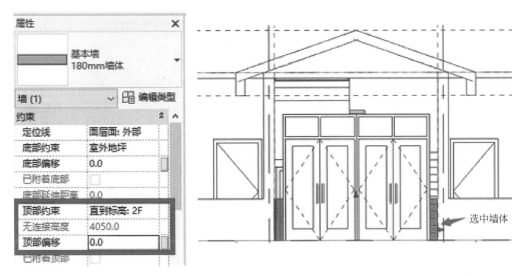

图 5-121　修改墙体轮廓

修改完成后的效果如图 5-122 所示。

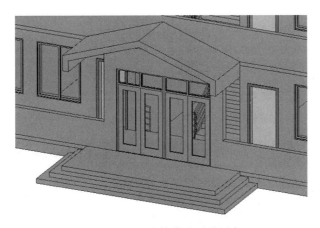

图 5-122　墙体修改后效果

5.3.3　栏杆的创建

数字资源5-6

根据安全防护要求学生公寓底层走廊栏板上方需加设栏杆。切换到"1F"平面视图，点击【建筑】选项卡→【栏杆扶手】下拉菜单→【绘制路径】，如图 5-123 所示，在属性面板"类型选择器"中选择"1100mm"栏杆，将"底部偏移"修改为"900"。

如图 5-124 所示，调用【直线】工具沿轴线绘制路径 1，单击【√】图标完成栏杆 1 的创建。同样方法分别创建栏杆 2、栏杆 3。

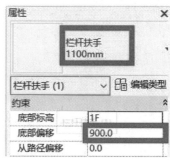

图 5-123 设置栏杆参数

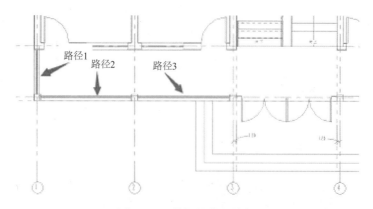

图 5-124 栏杆的分段路径

【提示】 创建栏杆时其路径必须是连续的线。此处的栏杆被柱子隔开，故需分别创建每段栏杆。

选中栏杆 1、栏杆 2、栏杆 3，镜像完成另一侧栏杆，创建完成后的效果如图 5-125 所示。

图 5-125 完成栏杆的创建

5.3.4 檐口的创建

识读学生公寓建筑施工图，可知屋顶檐口细部有两种做法，细部尺寸如图 5-126 所示，可采用内建模型的方式创建。

数字资源5-7

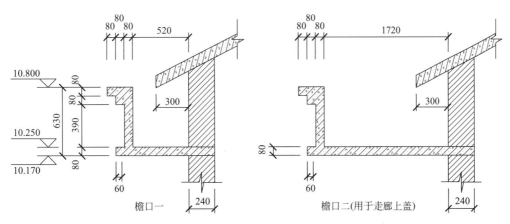

图 5-126　檐口断面尺寸

1. 进入内建模型在位编辑器

切换到"檐口"平面视图，单击【建筑】选项卡→【构件】下拉菜单→【内建模型】，在"族类别和族参数"对话框中，选择创建"常规模型"并将其命名为"檐口"，确定后进入在位编辑界面。

2. 绘制放样路径

点击【创建】→【放样】，展开【修改 | 放样】上下文选项卡。如图 5-127 所示，点击【绘制路径】工具按钮绘制路径，单击【√】图标完成。

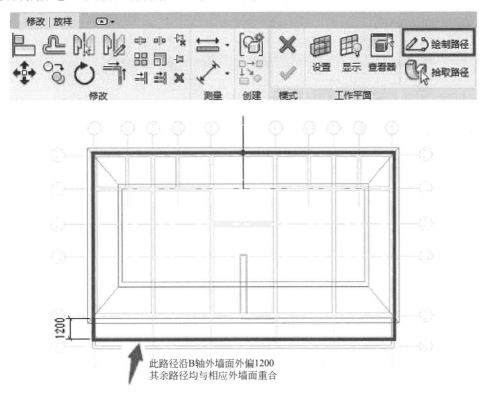

图 5-127　绘制放样路径

3. 绘制放样轮廓

路径绘制完成后，如图 5-128 所示，单击【编辑轮廓】，在弹出的"转到视图"对话框中选择【立面：西】，点击【打开视图】按钮，切换到"西立面"视图绘制放样轮廓。

图 5-128　转到"编辑轮廓"视图

转到"西立面"视图后，如图 5-129 所示，根据檐口细部尺寸绘制放样轮廓，单击【√】图标，完成轮廓的编辑。

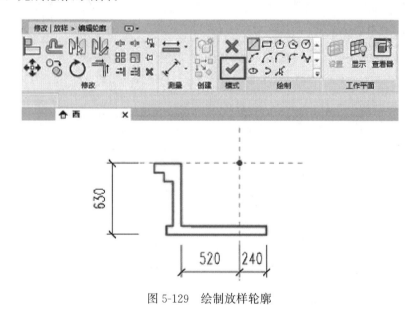

图 5-129　绘制放样轮廓

4. 完成放样的创建

检查放样的路径和轮廓确认后单击【√】图标完成放样创建。进入"三维视图"检察模型，如图 5-130 所示，发现走廊顶盖檐口与屋顶间有留空的地方，需要补绘檐口板。

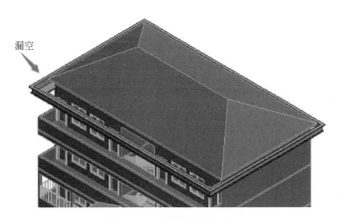

图 5-130 放样完成效果

5.补绘檐口板

进入"檐口"视图平面，点击【创建】→【拉伸】，绘制拉伸的轮廓草图，在属性面板中，将"拉伸终点""拉伸起点"分别设置为"－550"和"－630"，如图 5-131 所示。单击【√】图标，完成檐口板的补绘。

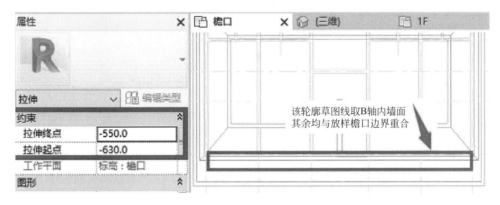

图 5-131 补绘檐口板

切换到三维视图，点击【修改】→【连接】，连接檐口和檐口板，单击【√完成模型】图标，退出内建模型的在位编辑。如图 5-132 所示，完成檐口的创建。

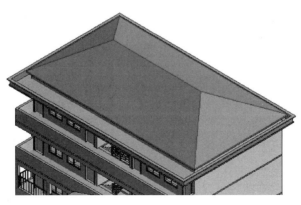

图 5-132 完成檐口的创建

5.4 场地与场地构件的创建和编辑

5.4.1 场地的创建

识读学生公寓总平面图，获取场地的创建信息。学生公寓所处地势较为平坦，可以通过"放置点"的方式创建地形表面，采用"子面域"创建沥青道路和草坪等场地构件。

数字资源5-8

1. 绘制参照平面

进入"场地"视图平面，根据总平面图尺寸绘制参照平面，如图 5-133 所示的。

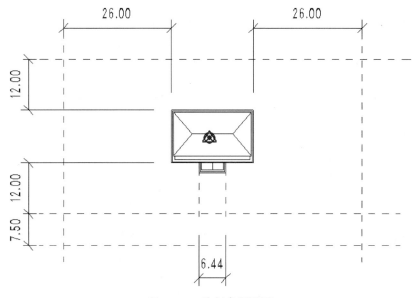

图 5-133　绘制参照平面

2. 创建地形表面

单击【体量和场地】选项卡→【地形表面】，展开【修改│编辑表面】上下文选项卡，点击工具【放置点】，将选项栏的"高程"修改为"－450"，如图 5-134 所示，在场地四周放置高程控制点。完成后单击选项卡中的【√】图标，完成地形的创建。

3. 创建道路

单击【体量和场地】选项卡→【子面域】展开【修改│创建子面域边界】上下文选项卡，如图 5-135 所示绘制道路轮廓线，完成后单击【√】图标完成道路的创建。

4. 修改场地材质

在"三维"视图中选中创建的地形，如图 5-136 所示，在属性面板中单击【材质】右侧的按钮打开"材质浏览器"，材质浏览器自带的材质中没有"草坪"。

新建材质并命名为"草坪"，打开资源浏览器加载合适的材质资源。

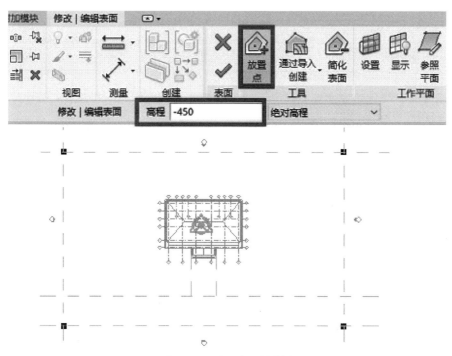

图 5-134　放置高程控制点

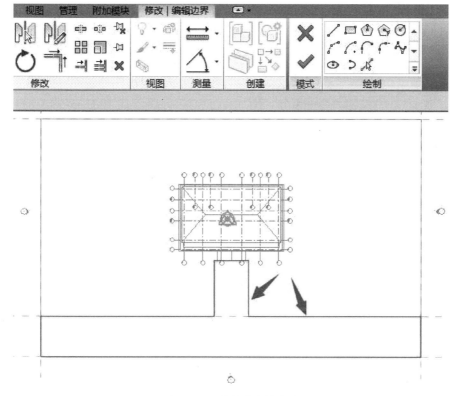

图 5-135　绘制道路轮廓线

图 5-136　新建"草坪"材质

如图 5-137 所示，进入"资源浏览器"后选择"外观库"，在"搜索栏"中输入"草"，此时会出现各种草皮，选择"草皮-百慕大草"，单击该材质右侧的"双向箭头"按钮，将"草皮-百慕大草"的特性赋予我们已创建的"草坪"材质，完成后关闭资源浏览器。

图 5-137　赋予草坪材质特性

返回"材质浏览器",此时"草坪"材质已经被赋予了"草皮-百慕大草"的特性。如图 5-138 所示,切换到【图形】选项,勾选"使用渲染外观",点击【确定】将地形的材质修改为"草坪"。

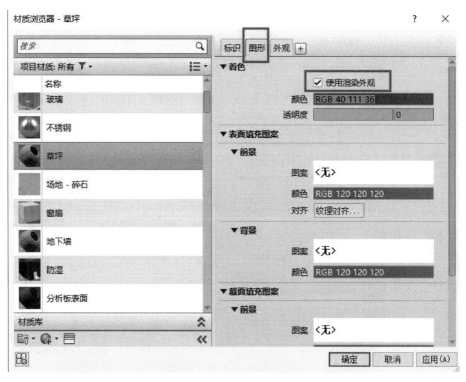

图 5-138 设置"草坪"材质信息

5. 修改道路的材质

选中道路,在属性面板中单击【材质】右侧的按钮打开"材质浏览器",创建新材质命名为"道路",打开资源浏览器加载资源"沥青 2",如图 5-139 所示。

5.4.2 建筑地坪的创建

建筑工程中往往需要进行各种地基处理,如回填、夯实土壤等,使其能满足房屋构造和结构的要求。建筑地坪的创建和编辑与楼板相似。

切换到"1F"视图平面,单击【体量和场地】选项卡→【建筑地坪】,如图 5-140 所示,在属性面板中将"自标高的高度偏移"修改为"-450",沿首层建筑外轮廓绘制建筑地坪的轮廓草图,完成后点击【√】图标。

5.4.3 场地构件的创建

Revit 提供各种场地构件工具,可以为项目添加配景的树木、人物等,通过"载入族"→"放置构件"的方式创建。

单击【建筑】选项卡→【构件】下拉菜单→【放置构件】,展开【修改│放置构件】上下文选项卡,单击【载入族】,弹出"载入族"的对话框,依次点击【建筑】→【植

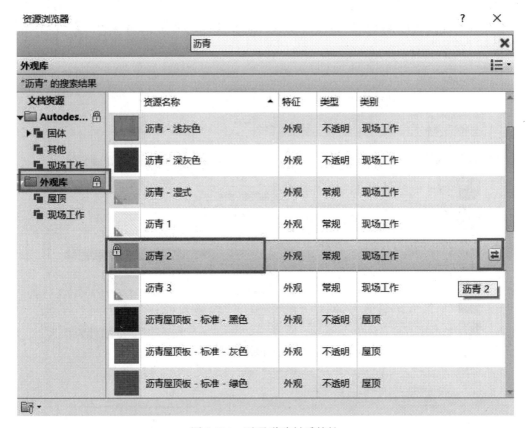

图 5-139 赋予道路材质特性

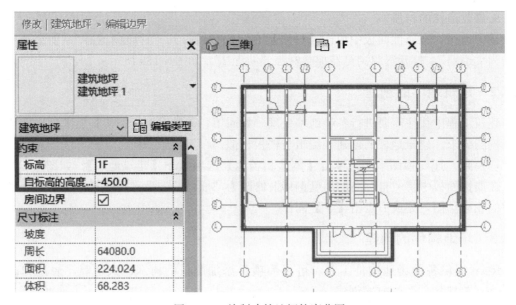

图 5-140 绘制建筑地坪轮廓草图

物】→【3D】→【乔木】打开文件夹，如图 5-141 所示选中"人面子 3D"和"榕树 3D"，单击【打开】按钮，将两种乔木载入项目中。切换到"场地"视图平面，在学生公寓的周边随意放置配景树木等。

图 5-141　载入"乔木"族

学生公寓模型已基本创建完成，将"视觉样式"调成"真实"，最终效果如图 5-142 所示。

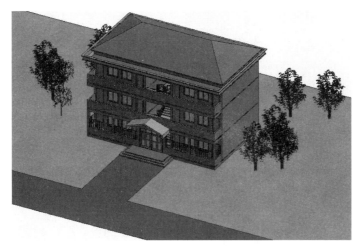

图 5-142　模型创建完成

【单元总结】

本教学单元通过"学生公寓"模型创建过程的介绍，使学生进一步理解 BIM 建筑模型的创建流程和方法，加深对建筑图纸和建筑构件的理解和认识，提高对房屋细部构造建模的处理能力。

【思考及练习】

根据小住宅建筑图纸所示，创建小住宅模型，图纸未说明的地方，请按一般建筑构造要求处理。

【本单元参考文献】

［1］王轶群.BIM 技术应用基础［M］.北京：中国建筑工业出版社，2015.

［2］刘霖，王蕊，林毅.Revit 建筑建模基础教程［M］.天津：天津科学技术出版社，2018.

教学单元6　建筑施工图出图

【教学目标】

1.知识目标

掌握建筑施工图的表达方式，掌握建筑模型创建施工图的方法。

2.能力目标

能使用 Revit 模型进行施工图出图；

能在 Revit 中建立明细表；

能使用 Revit 对模型进行尺寸标注和打印；

能使用 Revit 模型进行模型渲染和漫游。

【思维导图】

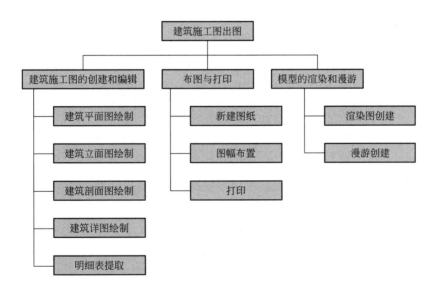

在完成了建筑模型的创建之后，我们可以利用 Revit 对模型进行施工图的出图、布局、注释和打印，并自动计算出各类明细表。

6.1　建筑施工图的创建和编辑

Revit 中建筑工程图的创建和传统的计算机辅助绘图是相似的，都包含视图选择、图面处理、尺寸标注和文字符号注释、布图打印等几个步骤。打开源文件"单层小住宅"，另存为"单层小住宅出图"项目文件。下面以单层小住宅模型的图纸创建，学习建筑施工图的出图。

6.1.1 建筑平面图的绘制

在"项目浏览器"中"室内地面"楼层平面单击鼠标右键，将其重命名为"平面图"，在弹出的对话框中选择"否"，如图 6-1 所示。我们将在此楼层平面的基础上，创建符合制图标准和工程表达习惯的建筑平面图。

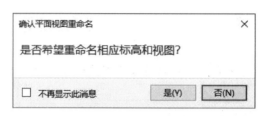

图 6-1　"确认平面视图重命名"对话框

【提示】如果在上面的对话框中选择"是"，则会将标高和由该标高创建的其他视图，如结构平面、顶棚平面都统一重命名，一般不建议这样处理。

1. 建筑平面图的图面处理

（1）设置视图范围

建筑平面图反映建筑物的平面形状和平面布置，包括墙柱、门窗等的位置和大小，首层平面还需表示室外台阶、散水、花池等构件。

切换到"平面图"视图观察发现，由于台阶是在"室内地面"标高以下的构件，不在当前视图的显示范围内。如图 6-2 所示，点击"楼层平面"属性面板上"视图范围"右侧的【编辑】按钮，在弹出的对话框中将"底部"和"视图深度"都切换成"标高之下（室外地面）"。通过修改"视图范围"，使室外地面上的构件在"平面图"视图中显示。同时

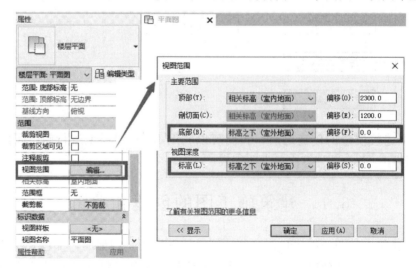

图 6-2　修改视图范围

将剖切面修改为"1200"，使卫生间的窗（窗台高为1200mm）以正常窗的图例显示。

（2）修改图元在视图中的"可见性"设置

在楼层视图中，台阶作为结构框架类别的构件，在模型的表面显示材料图例。为了更符合建筑制图的习惯，需要修改台阶的视图显示。

如图6-3所示，点击【视图】选项卡的【可见性/图形】按钮，打开对话框"楼层平面：平面图的可见性/图形替换"，找到"结构框架"点击对应"投影表面"的"填充图案"替换按钮，在弹出的"填充样式图形"对话框中，将前景、后景的"可见"勾选去掉，连续点击【确定】按钮完成修改。

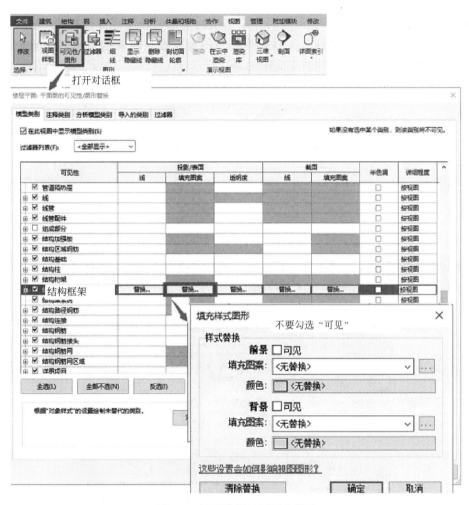

图6-3　图元类别的可见性修改

【提示】只有勾选了某一类别的模型或注释在"可见性/图形替换"对话框中的可见性，对应的图元才会显示。

对比一下室外台阶在"可见性/图形"修改之前和之后的显示，如图6-4所示。

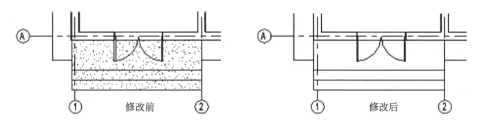

图 6-4　修改前后的台阶对比

（3）用"线处理"工具修改图元的显示

Revit 视图中自动显示模型，但有时多个模型构件的边缘出现重合投影，达不到出图的要求，这时可以使用"线处理"工具处理细节的显示获得需要的效果。如图 6-5 所示，出入口大门有两条线，不符合建筑平面图的表达要求。

图 6-5　出入口大门的显示

点击【修改】选项卡的【线处理】按钮，展开【修改│线处理】上下文选项卡，如图 6-6 所示，将"线样式"切换为"不可见线"。

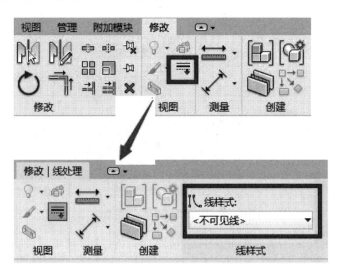

图 6-6　调用"线处理"工具

将光标移动至要处理的线，蓝显时点击鼠标左键，将线处理为"不可见线"，如图 6-7 所示。

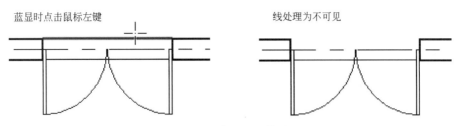

图 6-7　线处理的效果

调用"线处理"工具修改其他需要特别处理的模型图元，有时会出现几个模型图元重合的情况，需要多次调用"线处理"工具才能达到需要的效果。

【提示】使用"线处理"工具对模型图元进行的所有修改都是视图专有的，不会影响在其他视图中的显示。

（4）调整轴网的显示

选中轴网，点击"属性"面板上的【编辑类型】，打开轴网的"类型属性"对话框，根据图面要求和绘图习惯调整轴网类型参数，如图 6-8 所示，为本项目轴网的设置建议。

图 6-8　轴网类型的设置建议

修改完成后点击【确定】按钮。按作图习惯调整个别轴网的显示，如图 6-9 所示，为图面处理完成的平面图。

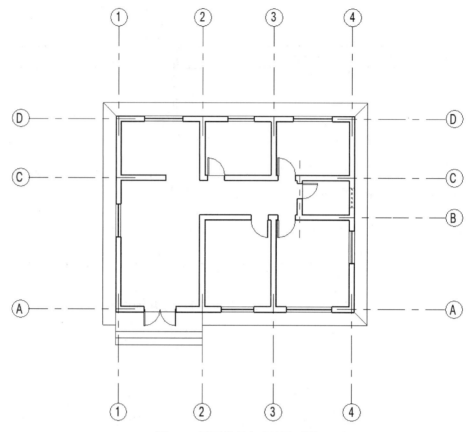

图 6-9　图面处理完成的平面图

2. 建筑平面图的尺寸标注

建筑平面图的尺寸包括外部尺寸和内部尺寸。外部尺寸通常为三道尺寸：第一道尺寸称为总尺寸，即是指一端外墙面到另一端外墙面的总长和总宽；第二道表示轴线间的尺寸，通常为房间的开间和进深尺寸；第三道为细部尺寸，表示外墙门窗洞口的宽度、墙柱的大小和位置等。内部尺寸表示室内的门窗洞、墙厚、孔洞和固定设施的大小和位置。

Revit 中为长度标注提供了两个常用的尺寸标注工具：对齐和线性。使用线性标注可以自动测量两个参照点之间的水平或垂直距离并添加标注；使用对齐标注可以自动测量两个或两个以上的参照面之间的距离。其余还有角度、直径、半径、弧长等标注工具，可以根据图面情况选择合适的工具。下面主要介绍对齐标注工具的使用。

单击【注释】选项卡→【对齐】按钮，打开【修改｜放置尺寸标注】上下文选项卡，如图 6-10 所示。

图 6-10　尺寸标注工具

　　点击"属性"面板上的【编辑类型】，打开"线性尺寸标注样式"的类型属性对话框，选择"对角线—3mm RomanD"类型复制新的类型，命名为"建筑尺寸标注 1"，根据图面要求和绘图习惯调整类型参数，其中"引线类型"切换为"直线"；"尺寸界线控制点"切换为"图元间隙"；"尺寸界线与图元的间隙"切换为"8mm"，如图 6-11 所示。

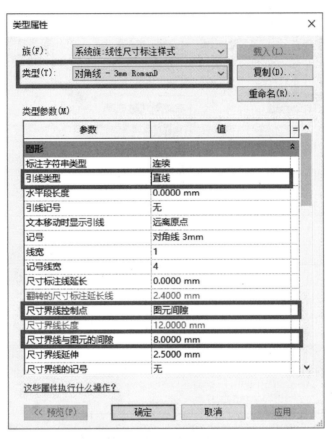

图 6-11　尺寸样式的类型参数

　　修改完成后点击【确定】按钮返回。将鼠标指向图形，点击即可进行尺寸标注。如图 6-12 所示，完成散水宽度的标注。

1) 点选散水外轮廓作为尺寸标注的参照　　2) 点选外墙面作为尺寸标注的另一个参照　　3) 出现自动测量值拖动光标到合适位置点击鼠标左键完成标注

图 6-12　标注散水的宽度

Revit 在"修改｜放置尺寸标注"选项栏中特别提供了"拾取墙"选项，方便标注建筑的三道外部尺寸，下面介绍轴线 D 外墙上的三道尺寸标注。

（1）细部尺寸的标注

点击【对齐】工具，如图 6-13 所示，调整"修改｜放置尺寸标注"选项栏的设置。

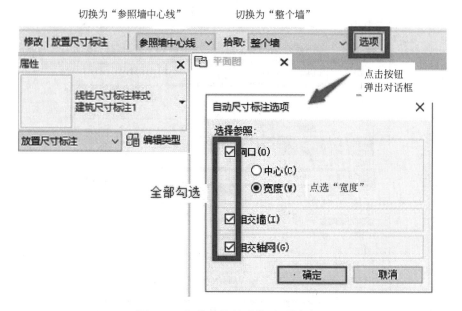

图 6-13　标注细部尺寸的选项栏设置

选中轴线 D 外墙，自动生成测量值，如图 6-14 所示，拖拽到合适的位置点击鼠标左键完成细部尺寸的标注。

图 6-14　标注细部尺寸

（2）轴线尺寸的标注

如图 6-15 所示，调整"修改｜放置尺寸标注"选项栏的设置。

同样选中轴线 D 外墙，自动生成测量值，如图 6-16 所示，拖拽到合适的位置，感觉光标出现停顿时点击鼠标左键完成轴网尺寸的标注。

（3）总尺寸的标注

如图 6-17 所示，调整"修改｜放置尺寸标注"选项栏的设置。

点选轴线 D 外墙，自动生成测量值，拖拽到合适的位置，感觉光标出现停顿时点击鼠标左键完成总尺寸的标注，如图 6-18 所示。

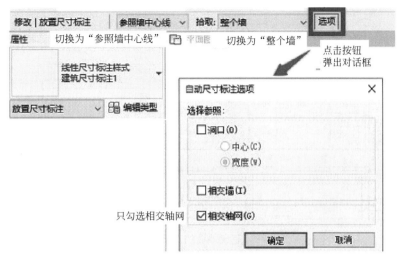

图 6-15　标注轴线尺寸的选项栏设置

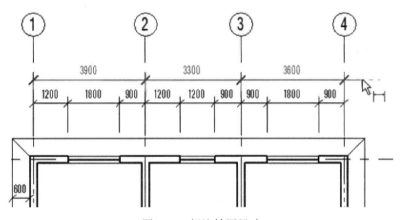

图 6-16　标注轴网尺寸

图 6-17　标注总尺寸的选项栏设置

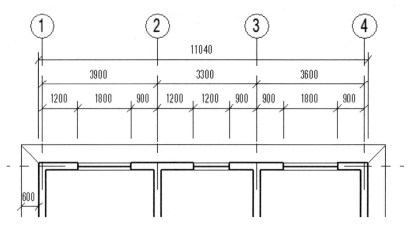

图 6-18　完成外墙的三道尺寸标注

其余线性尺寸的标注方法是相似的，在此不再赘述。

【提示】 也可以采用点选参照面的方式进行尺寸标注。

Revit 将标高的注释也归在"尺寸标注"面板上，如图 6-19 所示，点击【高程点】，在"修改 | 放置尺寸标注"选项栏中，去掉"引线"的勾选。

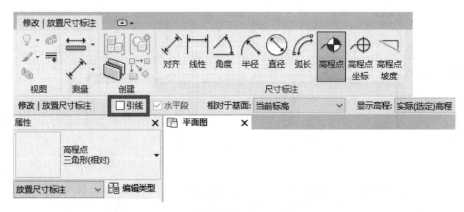

图 6-19　标高注释的选项栏设置

将光标移动到相应的室内地面，自动出现标高值，在合适的位置单击鼠标左键，完成标高的注释。

3. 门窗标记

在创建门窗时打开【在放置时进行标记】开关按钮，放置时会自动插入标记。也可以在后期统一单独放置。单击【注释】选项卡→【全部标记】按钮，弹出"标记所有标记的对象"对话框，勾选"窗标记"和"门标记"，如图 6-20 所示，点击【确定】按钮完成门窗的标记。

由于"标记"的方向默认是水平的，根据图面有些需要调整成垂直的，如图 6-21 所示，选中需要调整的标记，在"属性"面板中切换方向。

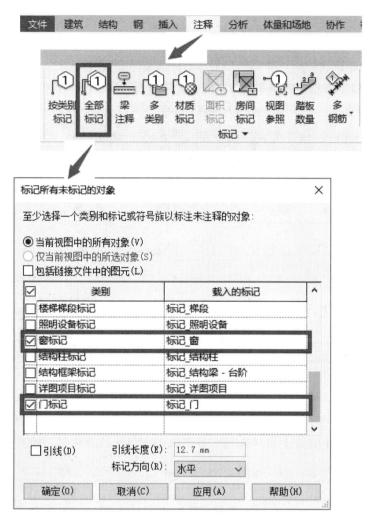

图 6-20　门窗标记

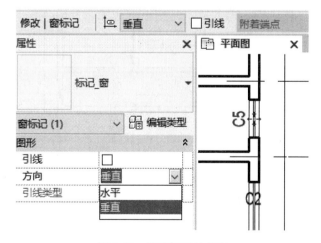

图 6-21　调整标记的方向

4. 创建房间和房间标记

Revit 中利用房间的概念，使用墙、楼板、屋顶和天花板等图元对建筑空间进行细分，用于计算房间的面积和体积，并将信息显示在明细表和标记中。

本项目中餐厅和客厅空间是相通的，如果需要将它们作为两个房间来处理，可调用【房间分隔】工具，如图 6-22 所示，点击【建筑】选项卡中的【房间分隔】按钮，绘制分隔线。

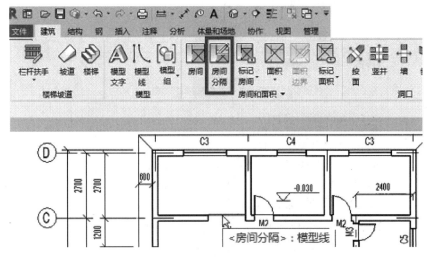

图 6-22　创建房间分隔

单击【建筑】选项卡中的【房间】工具，在展开的【修改｜放置房间】上下文选项卡中打开【在放置时进行标记】开关按钮，在平面图中单击放置房间，如图 6-23 所示。

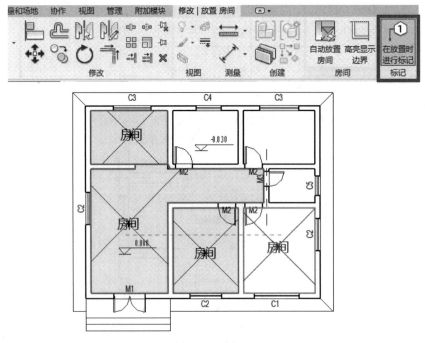

图 6-23　创建房间

完成创建后，选中房间标记，再单击标记文字，将其修改为房间名称，如图 6-24 所示，平面图绘制完成。

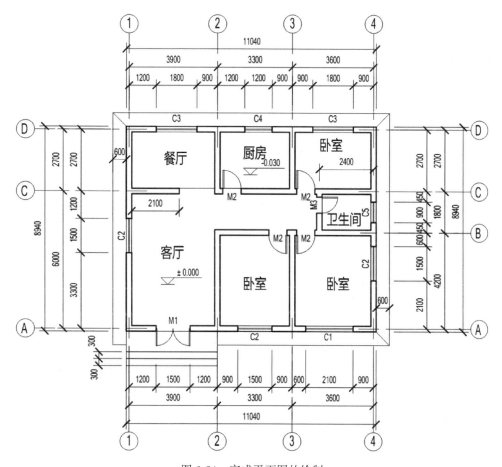

图 6-24 完成平面图的绘制

6.1.2 建筑立面图的绘制

在"项目浏览器"中鼠标右键单击立面视图"南"，将其重命名为"南立面"，我们将在此立面视图的基础上，学习创建符合制图标准和工程表达习惯的建筑立面图。其创建步骤和方法与建筑平面图相似。

1. 修改图元在视图中的"可见性"设置

和建筑平面图的处理一样，在"可见性/图形"中将"结构框架"设置为不显示"表面材料图例"。

2. 修改轴网和标高的"2D"显示

建筑立面图中一般只显示两端的定位轴线及其编号，以便与平面图对照。可采用"隐藏图元"的方法将中间的轴网线隐藏起来，并在"2D"状态下调整好首尾轴线的显示；同样，采用"隐藏图元"的方法将立面上不需要显示的标高隐藏起来，并在"2D"状态下调整好标高线的显示，调整后如图 6-25 所示。

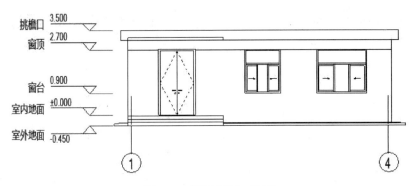

图 6-25 调整标高、轴网

【提示】"2D"状态下调整的轴网和标高，改变的只是本视图的显示，不会影响其他视图。如果在"3D"状态下调整轴网、标高，所有相关的视图显示都将发生变化。

3. 用"线处理"工具处理立面的图线

为了加强建筑立面图的表达效果，使建筑物的轮廓突出、层次分明，通常用粗线绘制立面的外轮廓。点击【注释】选项卡的【详图线】按钮，展开【修改│放置详图线】上下文选项卡，将"线样式"切换为"宽线"，用详图线描绘南立面的外轮廓，如图 6-26 所示，南立面绘制完成。

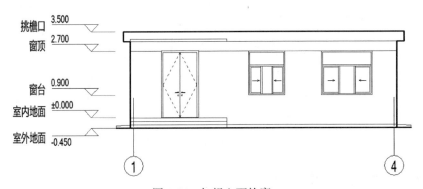

图 6-26 加粗立面轮廓

【提示】"详图线"只在创建的视图中显示，一般用于视图的处理，如果需要创建在空间上存在的线，请用"模型线"工具。

6.1.3 建筑剖面图的绘制

1. 创建剖面视图

建筑剖面图的剖切位置，应选择能反映建筑物内部全貌的构造特性以及有代表性的部位，并在首层平面图上标明剖切位置和方向。在 Revit 中需要手动创建剖面视图，如图 6-27 所示，为剖切符号的图元组成。

下面介绍单层小住宅 1-1 剖面图的创建，说明建筑剖面图的创建方法。切换至"平面

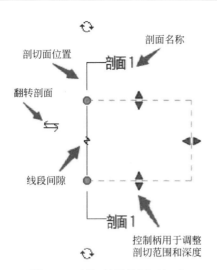

图 6-27　剖切符号的图元组成

图"视图，单击【视图】选项卡→【剖面】按钮，如图 6-28 所示，在平面图中经过大门、客厅、餐厅和餐厅的窗切出剖面，"项目浏览器"中显示新增剖面视图"剖面 1"。点击剖切符号的"线段间隙"，按制图标准和习惯调整剖切符号的形式和位置。

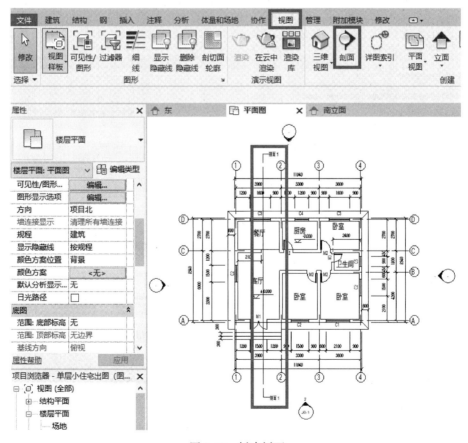

图 6-28　创建剖面

在"项目浏览器"中展开"剖面"选项，将"剖面1"重命名为"1"，切换至视图"1"，如图 6-29 所示，为剖面视图的初始显示。

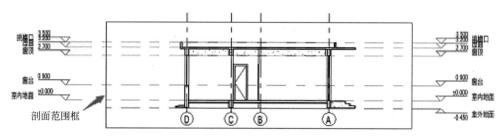

图 6-29　剖面视图

2. 建筑剖面图的图面处理

（1）修改图元在"1"视图中的"可见性"设置

选中"剖面范围框"，拖拽至合适的位置，并隐藏起来。建筑剖面图中，材料为混凝土的构件断面通常涂黑表示。同样地点击【视图】选项卡的【可见性/图形】按钮，打开对话框"剖面：1的可见性/图形替换"。

如图 6-30 所示，找到"结构框架"点击对应"投影表面"的"填充图案"替换按钮，在弹出的"填充样式图形"对话框中，将前景、后景的"可见"勾选去掉；点击对应"截面"的"填充图案"替换按钮，在弹出的"填充样式图形"对话框中将前景的填充图案替换为"实体填充"。

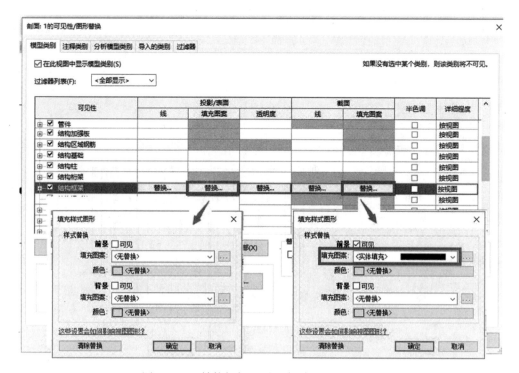

图 6-30　"结构框架"图元类别的可见性修改

继续选择楼板、屋顶，将构件截面的填充图案均替换成"实体填充"；选择地形，将截面填充图案的"可见"勾选去掉，替换完成后连续点击【确定】按钮，如图 6-31 所示，为构件截面填充显示的剖面视图。

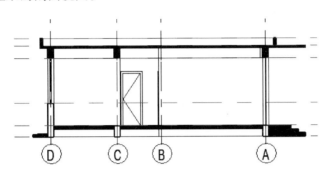

图 6-31　填充显示的剖面视图

（2）修改轴网和标高的"2D"显示

与建筑立面图一样，建筑剖面图中一般只显示两端的定位轴线及其编号，以便与平面图对照，需要时也可以标注出中间轴线，可采用"隐藏图元"的方法将不显示的轴网线隐藏起来，并在"2D"状态下调整好显示轴线；用同样的方法调整好标高的显示，如图 6-32 所示。

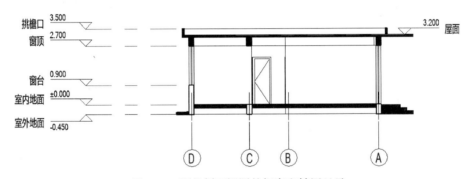

图 6-32　调整剖面视图的标高和轴网显示

（3）图面的深化处理

根据制图标准和个人的作图习惯，隐藏不必要的图元，用"线处理"等工具继续处理剖面的图线，如图 6-33 所示，为处理后的 1-1 剖面图。

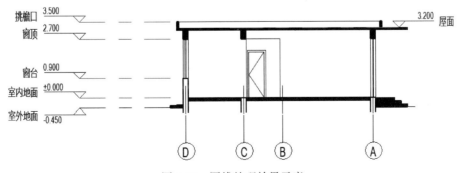

图 6-33　图线处理效果示意

3. 建筑剖面图的尺寸标注

建筑剖面图的尺寸标注与平面图一样，均包括外部尺寸和内部尺寸，但一般是采用【对齐】标注选取单个参照点的方式进行标注，如图 6-34 所示，1-1 剖面图绘制完成。

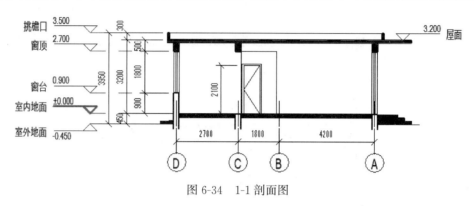

图 6-34 1-1 剖面图

6.1.4 建筑详图的绘制

建筑工程图中需要用较大比例的图样来表达房屋的细部或构配件的形状、大小、材料和做法等，称为建筑详图。Revit 可以创建相应样式的详图索引视图，使用较大比例显示局部模型的详细信息。

下面介绍单层小住宅檐口详图的创建，说明建筑详图的创建方法。

切换至视图 "1"，点击【视图】选项卡→【详图索引】→【矩形】，如图 6-35 所示，在 1-1 剖面图中放置 "详图索引框"，选中索引框，在 "属性" 面板中将视图名称修改为 "檐口详图"，拖拽控制柄调整标头的位置，"项目浏览器" 中显示新增剖面视图 "檐口详图"。

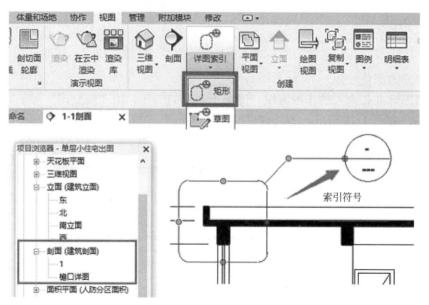

图 6-35 放置 "详图索引框"

【提示】放置详图索引框的视图是该详图的父视图。索引详图是依附于父视图存在的，如果删除父视图，则详图也会被删除。索引符号中的具体标记在该视图被添加至图纸时会自动显示。

双击索引标头可切换到详图索引视图，如图 6-36 所示，为详图的初始视图。

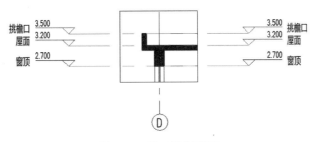

图 6-36　檐口详图视图

选中"详图范围框"，拖拽至合适的位置，并隐藏起来。建筑详图中，截面采用材料图例填充，点击【视图】选项卡的【可见性/图形】按钮，打开对话框"剖面：檐口详图的可见性/图形替换"，如图 6-37 所示，将屋顶的截面填充替换为"混凝土—钢砼"。

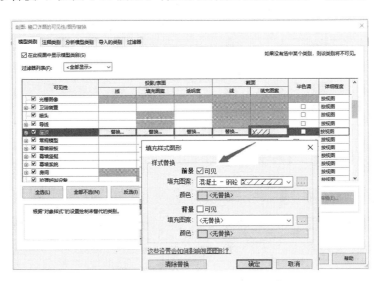

图 6-37　"屋顶"图元类别的可见性修改

继续选择结构框架，将构件截面的填充图案替换成"混凝土—钢砼"，替换完成后连续点击【确定】按钮完成构件截面填充修改。

单击绘图区域左下角视图控制栏"比例"，弹出比例列表，将檐口详图的出图比例设置为 1 : 20。调整轴线和标高的显示、标注尺寸，如图 6-38 所示，檐口详图绘制完成。

6.1.5　明细表的提取

明细表是 Revit 软件的重要组成部分。通过定制明细表，我们可以从所创建的 Revit 模型（建筑信息模型）中获取项目应用中所需要的各类项目信息，应用表格的形式直观地

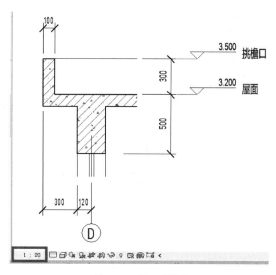

图 6-38　檐口详图

表达，如图 6-39 所示，为项目单层小住宅的门明细表，下面介绍创建过程。

<门明细表>			
A	**B**	**C**	**D**
编号	宽度	高度	合计
M1	1500	2700	1
M2	800	2100	4
M3	700	2100	1
总计: 6			

图 6-39　门明细表

单击【视图】选项卡→【明细表】下拉列表→【明细表/数量】按钮，如图 6-40 所示。

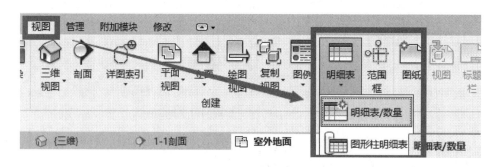

图 6-40　新建明细表

在弹出的"新建明细表"对话框中选择"门"构件类别，如图 6-41 所示，明细表命名为"门明细表"，点选"建筑构件明细表"按钮，单击【确定】按钮。

在打开的明细表属性对话框中设置明细表的具体内容。在"字段"选项卡中，从左侧的"可用的字段"列表框中选择要统计的字段，单击【添加】按钮添加到右侧的"明细表字段"列表中，利用"上移""下移"按钮调整字段顺序，如图 6-42 所示。

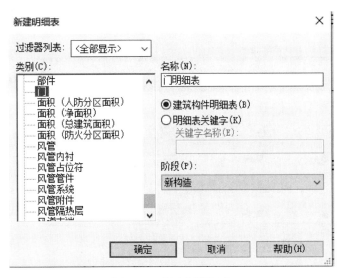

图 6-41　新建门明细表

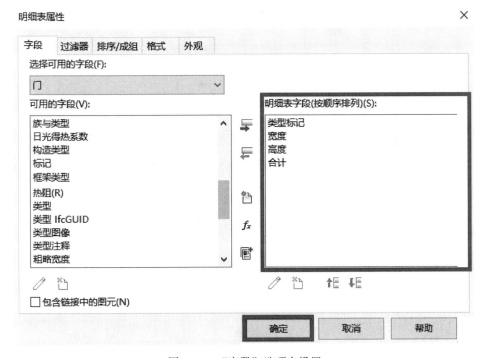

图 6-42　"字段"选项卡设置

"过滤器"选项卡：设置过滤器可以统计其中部分构件，不设置则统计全部构件。

在"排序/成组"选项卡中，将排序方式设置为按"类型标记"，勾选"总计"，不逐项列举每个实例，如图 6-43 所示。

在"格式"选项卡中，设置字段在明细表中的标题名称、方向、对齐等，如图 6-44 所示，将字段"类型标记"的标题名称设置为"编号"，标题方向选择"水平"，对齐方式为"中心线"。

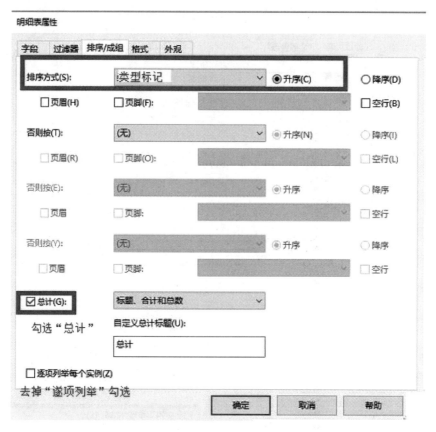

图 6-43 "排序/成组"选项卡设置

图 6-44 "格式"选项卡设置

【提示】标题名称可以根据需要设置，不一定和字段名相同。

在"外观"选项卡中设置明细表的线宽、标题和字体大小，单击【确定】完成创建。在"项目浏览器"的明细表中可查看到新增的"门明细表"。

6.2　布图与打印

6.2.1　新建图纸

在打印输出前，需要将项目中的视图布置在图纸视图中，形成施工图纸。

单击【视图】选项卡→【图纸】按钮，如图 6-45 所示，弹出"新建图纸"对话框，选择"A2 公制"新建图纸。

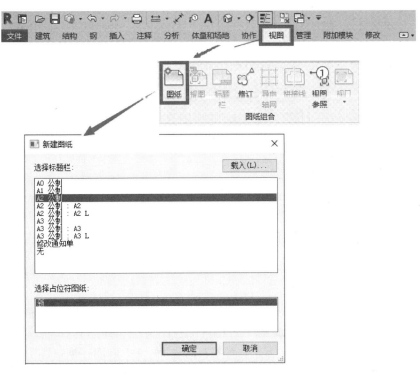

图 6-45　新建图纸

单击【确定】按钮后，软件自动切换到图纸界面，展开"项目浏览器"中"图纸"项，可以查看到新增的图纸"J0-1-未命名"，如图 6-46 所示。

【提示】图纸标题栏里的内容可在图纸属性中进行修改。

用鼠标右键单击图纸"J0-1-未命名"，在弹出的快捷菜单中选择"重命名"命令，如图 6-47 所示，在"图纸标题"对话框中修改图纸的编号和名称，单击【确定】按钮完成。

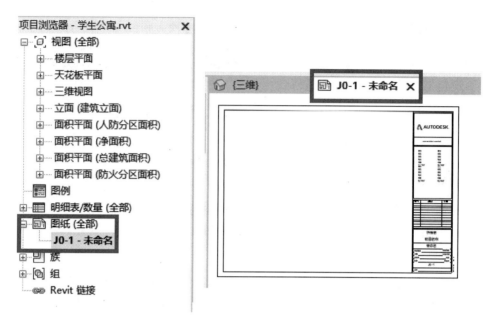

图 6-46　图纸界面

图 6-47　图纸标题对话框

6.2.2　布置图幅

在图纸上放置的视图称为"视口"。和手工绘图相类似，在工程实际中需要将多个视图或明细表布置在图纸视图中形成最终的建筑工程图文档。如图 6-48 所示，为"J0-1 单层小住宅建筑施工图"，图面上包括有平面图、南立面、1-1 剖面、檐口详图和门明细表五个视口，下面介绍创建过程。

切换到"J0-1 单层小住宅建筑施工图"图纸视图，单击【视图】选项卡→【视图】按钮，如图 6-49 所示，弹出"视图"对话框，选择"楼层平面：平面图"，点击【在图纸中添加视图】按钮返回图纸视图，移动光标将视口放置在合适的位置。

用同样的方法分别将其他视图放置在图纸视图上，在放置时需要注意各个视图的位置对应关系，在拖拽光标放置视图时，要善于利用自动对齐追踪，如图 6-50 所示。

【提示】要向图纸添加视口，也可以在项目浏览器中直接拖拽对应的视图。

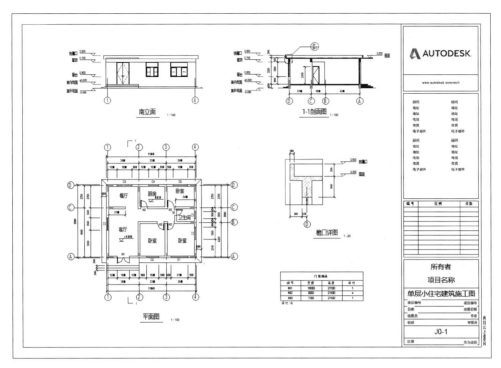

图 6-48　J0-1 单层小住宅建筑施工图

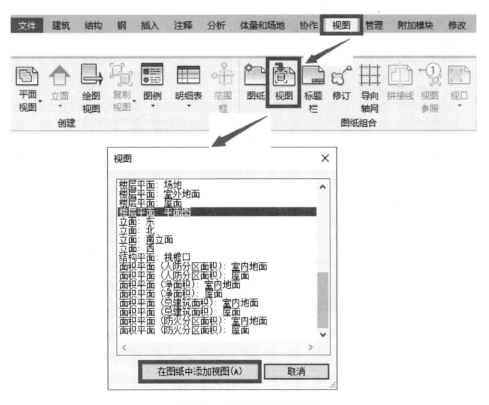

图 6-49　在图纸中添加视图

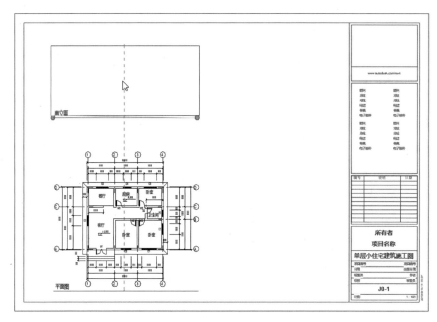

图 6-50　在图纸中添加视图

视图添加完成后，为了图面美观整齐、表达清晰，还需要对各个视口进行微调。以剖面视图"1"的调整为例，在图纸中选择原视图并单击鼠标右键，在弹出的快捷菜单中选择"激活视图"命令，此时图纸视图和其他视口内容灰显。如图 6-51 所示，在属性面板上将"图纸上的标题"设置为"1-1 剖面图"。

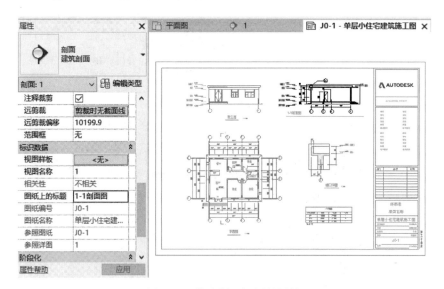

图 6-51　修改剖面视图的属性

完成后在活动视口外区域双击鼠标左键，返回图纸视图。点击【插入】→【载入族】，打开对应的文件夹，将提供的源文件"带比例的视图标题"族文件载入到项目中。选中剖面 1 视口，单击【类型属性】按钮，打开"类型属性"对话框，复制新建视口类型"带比例的标题"，将类型参数中的标题切换为"带比例的视图标题"，如图 6-52 所示，点击【确定】按钮完成。

图 6-52　新建视口类型

在"属性"面板的"类型选择器"中将剖面视口切换为"带比例的标题"，拖拽图纸标题到合适位置，并调整标题文字底线至适合长度，如图 6-53 所示，为视口标题修改前后的对比，同样调整好其他视口。

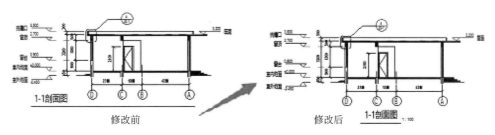

图 6-53　视口标题修改对比

> 【提示】实际工程中，不同的设计团队根据建筑规范、当地工程的需要和习惯，创建各种各样可重复使用的构件族、注释族，大大减少项目创建的工作量。

6.2.3　打印

工程图纸文档创建完成后，可以直接打印出图。点击【文件】打开应用程序菜单，单击【打印】按钮，弹出"打印"对话框。在打印机"名称"下拉列表框中选择"Foxit Reader PDF Printer"，可将项目图纸打印为 PDF 文件，设置打印路径、文件名、打印范围等，如图 6-54 所示。

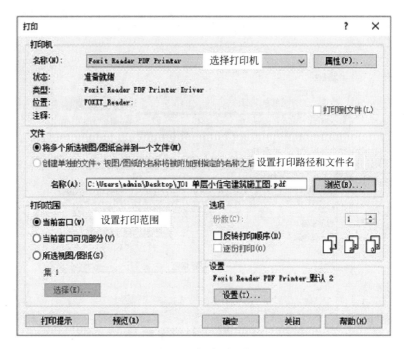

图 6-54　打印对话框

点击【设置】按钮，弹出"打印设置"对话框。如图 6-55 所示，设置纸张尺寸为
"A2"、点选打印方向为"横向"、点选页面位置"中心"，选择缩放比例"100％"、打印质量
"高"、颜色"黑白"，设置完成后点击【确定】按钮回到"打印"对话框即可打印图纸。

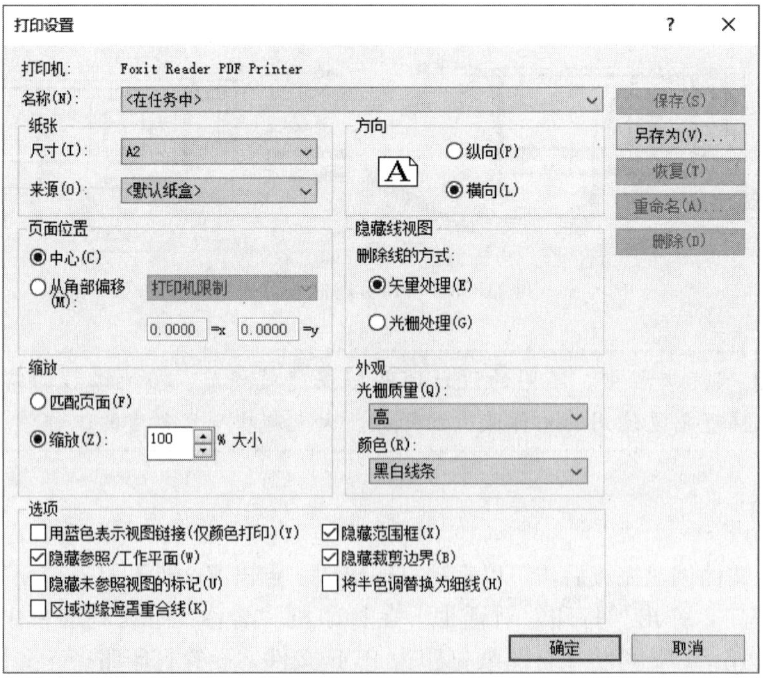

图 6-55　打印设置对话框

6.3　模型的渲染和漫游

在 Revit 中，利用现有的三维模型，还可以创建效果图和漫游动画，全方位展示建筑师的创意和设计成果。因此，在一个软件环境中即可完成从施工图设计到可视化设计的所有工作，又改善了以往在几个软件中操作所带来的重复劳动、数据流失等弊端，提高了设计效率。

Revit 集成了 Mental Ray 渲染器，可以生成建筑模型的照片级真实感图像，可以及时看到设计效果，从而可以向客户展示设计或将它与团队成员分享。

6.3.1　渲染图的创建

数字资源6-1

创建渲染图，需要确定渲染图的观察角度，这是通过创建相机透视图确定的。创建了相机透视图后，再调整渲染参数进行渲染，最后生成渲染效果图。一个建筑模型，可以在重要的观察角度上创建多张渲染图，在展示模型方案时，多张渲染效果图可以多角度地展示模型的效果，让客户对模型有更全面的了解。

1. 创建相机

打开源文件"学生公寓模型"，切换至"三维"视图，在"视图控制栏"中将【视觉样式】调为"真实"。单击【视图】选项卡→【三维视图】下拉列表→【相机】按钮，如图 6-56 所示。

图 6-56　相机

在绘图区域中，单击放置相机，光标向上移动，超过建筑最上端，单击完成相机视点的放置。如图 6-57 所示，先单击图中的"1"处，再将光标拖动到"2"处单击完成操作。

此时会自动跳转到放置相机新创建出的三维视图，软件将其命名为"三维视图 1"，如图 6-58 所示。

为方便观察相机的创建效果可以同时显示三维视图。单击【视图】选项卡→【窗口】面板→【平铺窗口】，已打开的"〈三维〉"视图和新创建的"三维视图 1"同时平铺在绘图界面，如图 6-59 所示。

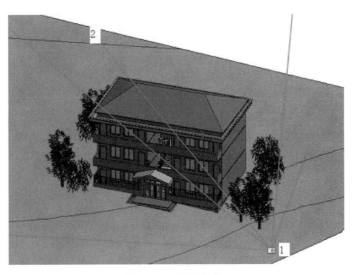

图 6-57　放置相机

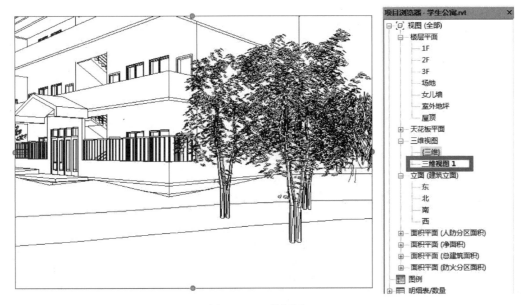

图 6-58　三维视图 1

在"｛三维｝"视图中拖拽相机可以上下移动,相机的视口也会跟着上下摆动,在"三维视图 1"中可以看到变化,将相机拖拽到观察角度和高度合适的位置,以此创建鸟瞰透视图,如图 6-60 所示。

相机调整合适后,可关闭"｛三维｝",此时只显示"三维视图 1",在"视图控制栏"中将【视觉样式】调为"真实"。单击选择"三维视图 1"的视口,点取视口框控制点,拖拽光标可以调整视口的范围,如图 6-61 所示。

2. 设置渲染

单击【视图】选项卡→【渲染】按钮,如图 6-62 所示。

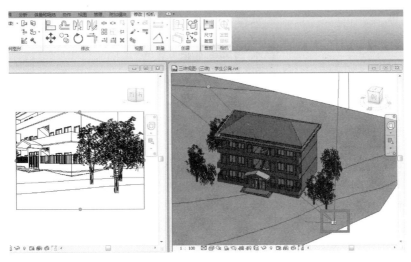

图 6-59　相机拖拽

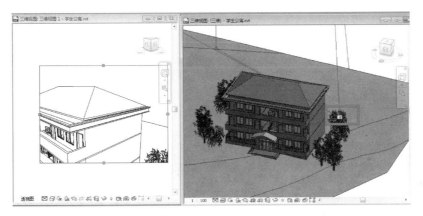

图 6-60　鸟瞰透视图

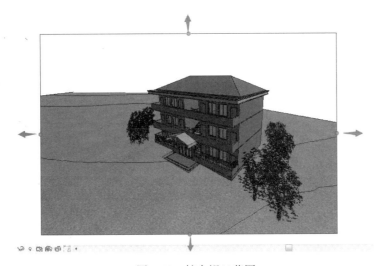

图 6-61　扩大视口范围

图 6-62 渲染

进入"渲染"对话框后，可对以下选项进行调整：

"质量"选项：质量越高的渲染，精度越高，所需要的渲染时间越长，根据实际出图需要选择。本次渲染选择"高"质量，如图 6-63 所示。

"输出设置"选项：可以选择"屏幕"或者"打印机"，本次只出 JPG 格式的图片，因此选择"屏幕"。

"照明"选项：根据室外还是室内，具体照明方式进行选择即可。本次创建的是室外渲染图，因此选择"室外：仅日光"。

"背景"选项：可以选择"无云""少云""非常少的云""多云""非常多的云"等背景，选择"天空：非常少的云"，如图 6-63 所示。

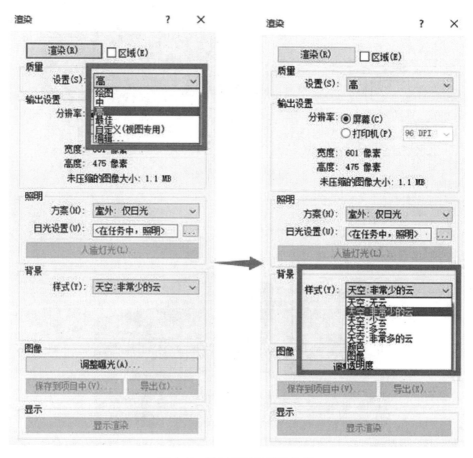

图 6-63 绘图质量与背景选项

"图像"选项：单击【调整曝光】，进入"曝光控制"对话框，可以对出图的"曝光值""亮度""中间色调""阴影""白点"和"饱和度"进行调整，如图 6-64 所示。

图 6-64 曝光控制

调整好渲染参数后，单击"渲染"对话框左上角的【渲染】按钮，开始渲染。渲染过程需要等待一段时间，此时会弹出渲染进度窗口，告知我们渲染完成的进度，如图 6-65 所示。

图 6-65 渲染进行中

3. 导出渲染图

渲染完成后，单击"渲染"对话框中的【导出】按钮，可以选择导出为".jpg"".bmp"".png"和".tif"的图片格式，如图 6-66 所示。

图 6-66 渲染图

6.3.2 漫游的创建

数字资源6-2

创建漫游，首先要考虑漫游的路径，根据展示的需要，可以分一个或多个漫游对模型进行展示。漫游输出成果为动态视频的形式，让观看者有行走在建筑中观察的感觉，弥补了渲染效果图只有二维观察的不足，常用于动态查看与展示项目设计。

图 6-67 漫游

打开源文件"学生公寓"模型，在"1F"创建一个室内漫游视频，作为漫游操作的入门学习。

1. 绘制漫游路径

打开"学生公寓"项目文件，切换至"1F"视图平面。单击【视图】选项卡→【三维视图】下拉列表→【漫游】，如图 6-67 所示。

将光标移至绘图区域，在首层平面视图中开始绘制路径，即漫游所要经过的路径。如图 6-68 所示，路径经过大门、走廊和学生宿舍，完成后单击选项栏上的【完成漫游】按钮或按【Esc键】完成漫游路径的绘制。

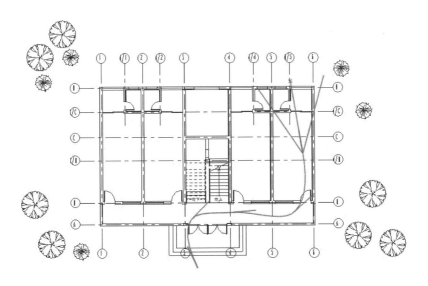

图 6-68 漫游路径

【提示】绘制漫游路径时，每单击一下会生成一个关键帧，编辑漫游时可以单独编辑每一个关键帧。

2. 编辑漫游视图

完成路径后，在"项目浏览器"中新增"漫游"项，双击"漫游"项显示的名称是默认的"漫游 1"，双击【漫游 1】打开漫游视图。

单击【视图】选项卡→【平铺窗口】，将同时显示"1F"和"漫游 1"视图。点取漫游视图中的边框线，在"视图控制栏"中将【视觉样式】调为"真实"。选择漫游视口边框，点取视口框控制点，拖拽光标调整视口的范围，如图 6-69 所示。

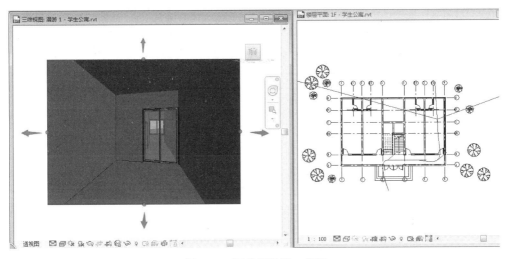

图 6-69 调整漫游视口范围

233

选择漫游视口边界，单击【修改｜相机】上下文选项卡中的【编辑漫游】按钮，在"1F"视图上单击，如图 6-70 所示。

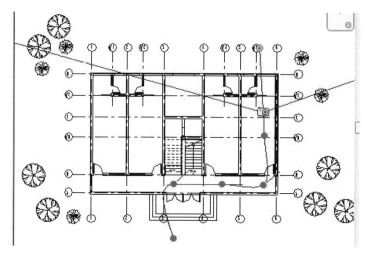

图 6-70　编辑漫游

选项栏的工具可以用来设置漫游帧数，单击最右方的"300"，如图 6-71 所示。

| 修改｜相机 | 控制 | 活动相机 ▼ | 帧 | 300.0 | 共 | 300 | |

图 6-71　设置漫游帧数

进入"漫游帧"对话框，如图 6-72 所示，修改"总帧数"为"300"，"帧/秒"为"15"。

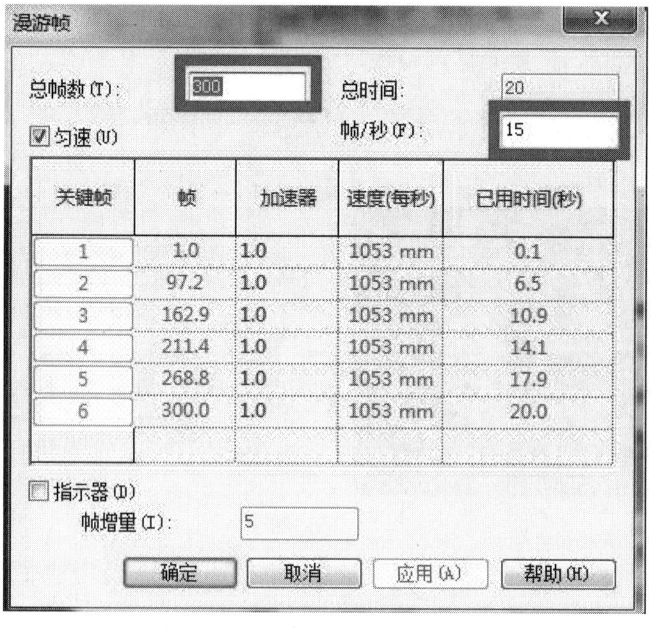

漫游帧

总帧数(T)：[300]　　总时间：[20]

☑ 匀速(U)　　帧/秒(F)：[15]

关键帧	帧	加速器	速度(每秒)	已用时间(秒)
1	1.0	1.0	1053 mm	0.1
2	97.2	1.0	1053 mm	6.5
3	162.9	1.0	1053 mm	10.9
4	211.4	1.0	1053 mm	14.1
5	268.8	1.0	1053 mm	17.9
6	300.0	1.0	1053 mm	20.0

☐ 指示器(D)

帧增量(I)：[5]

| 确定 | 取消 | 应用(A) | 帮助(H) |

图 6-72　漫游帧参数

通过单击【上一个关键帧】和【下一个关键帧】按钮来切换漫游路径的关键帧，每个关键帧都可以单独编辑，如图 6-73 所示。

图 6-73　编辑关键帧

在每个关键帧中，光标点取相机附近的粉色圆圈十字拖拽，可以调整实现的角度。重复操作调整，以使每个关键帧的视线方向和关键帧位置相合适，如图 6-74 所示。

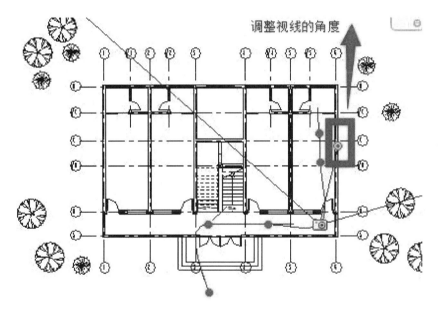

图 6-74　调整视线角度

如图 6-75 所示，为调整合适的关键帧效果。

如果需要增加关键帧，可以单击选项栏的【控制】下拉列表→【添加关键帧】，编辑完成后单击选项栏上的【播放】按钮，可以播放漫游方便观察调整。

3. 导出漫游

漫游创建完成后，如图 6-76 所示，在打开漫游的状态下单击【R 图标】→【导出】→【图像和动画】→【漫游】，弹出"长度/格式"对话框，对将要导出的视频进行设置。

完成后点击【确定】按钮，弹出"视频压缩"对话框，根据需要选择压缩程序后，单击【确定】按钮导出漫游视频，如图 6-77 所示。

图 6-75　关键帧

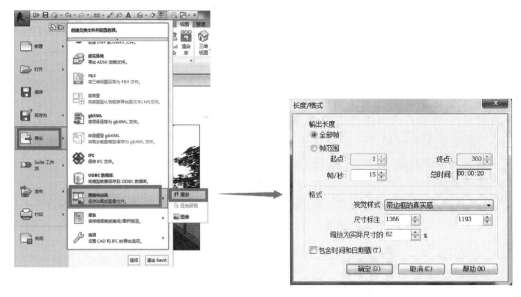

图 6-76　导出漫游

图 6-77 视频压缩

【单元总结】

本教学单元学习了 Revit 建筑模型施工图出图、尺寸标注、打印、明细表的提取、模型渲染与漫游等内容。利用这些技术，我们能够更好地通过使用建筑信息模型对全项目周期进行信息化管理。

【思考及练习】

1. 如何使用 Revit 对建筑模型进行施工图出图？

2. 在"学生公寓"模型中提取窗明细表，要求包含编号、高度、宽度、窗台高度、合计、总计等信息。

【本单元参考文献】

［1］中国建筑科学研究院.GB/T 51212—2016 建筑信息模型应用统一标准［S］.北京：中国建筑工业出版社，2017.

［2］中国建筑标准设计研究院有限公司.GB/T 51301—2018 建筑信息模型设计交付标准［S］.北京：中国建筑工业出版社，2019.

教学单元 7　体量的概念和应用

【教学目标】

1.知识目标
了解体量的概念；
学会体量的两种创建方式；
掌握体量形状的创建和编辑。
2.能力目标
运用体量创建建筑设计模型。

【思维导图】

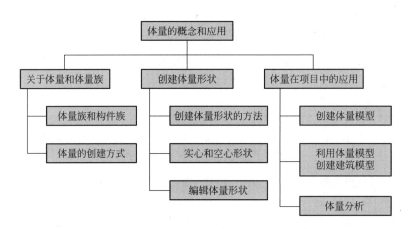

本单元引入一个新的概念——体量。体量建模是 Revit 中供使用者建立异形构件的一种功能，它可以从其他软件中导入，也可以在 Revit 中建立。导入或创建体量以后，一些常见构件可以根据体量的形状生成曲面模型，例如墙、楼板或者屋面，大大增强 Revit 建立大曲面模型的能力。在项目的设计初期，建筑师通过草图来表达自己的设计意图，体量提供了一个更灵活的设计环境，具有更强大的参数化造型功能。

7.1　关于体量和体量族

7.1.1　体量族和构件族的关系

体量是特殊的族，是 Revit 中特别为建筑方案设计提供的自由形状建模和参数化设计工具，让设计者在方案阶段摆脱构件、构造的束缚，使用形状描绘建筑形体。体量的创建和前面学习的构件族既有相同点，也有不同的地方。

1. 相同点

（1）文件创建方式和格式相同

体量族和构件族的创建方式相同，都需要基于族样板进行创建，样板格式相同，均为.rft；体量族与构件族的文件格式也相同，均为.rfa；两者添加参数的方式也相似。

（2）创建形状的基本工具相同

形状是指简单的几何体，在体量中创建这些几何体的工具和构件族是相同的，都包括有拉伸、融合、旋转、放样和放样融合等工具。

2. 不同点

（1）默认的初始工作界面不同

分别以"公制常规模型"和"公制体量"样板文件新建族文件，发现两者的绘图界面有很大的不同，如图 7-1 所示。

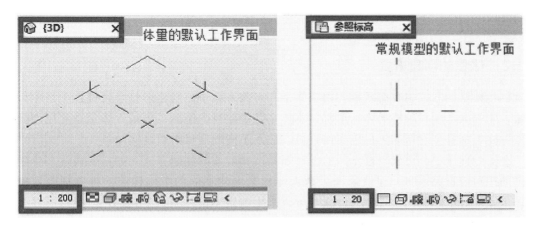

图 7-1　体量和常规模型工作界面的对比

因为关注的是建筑形体表达，所以体量的初始界面设置为"3D"，比例默认为 1∶200。而模型一般用于创建建筑构件，默认在标高基准面上开始创建工作，设定的初始比例为 1∶20。

> **【提示】** 体量和族的工作界面可以在创建时根据需要进行切换和定义。通常默认的初始界面都是比较符合创建习惯和要求。

（2）体量具有更多更灵活的形状创建和编辑工具

体量模式中还可以对已创建的形状进行灵活自由的编辑。如图 7-2 所示，选中体量将自动展开【修改 | 形状】上下文选项卡，其中基于点、线、面的"形状图元"工具是体量特有的。

（3）在项目文件中的作用不同

体量族载入项目后可以计算总表面积、总楼层面积以及总体积等，还可以根据体量模型表面创建建筑模型中的墙、楼板、屋顶等图元对象，完成方案设计到建筑设计的转换。

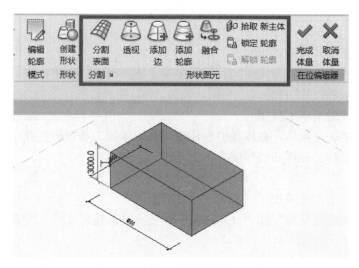

图 7-2　体量的"形状图元"工具

7.1.2　体量的创建方式

创建体量的方式主要有两种：内建体量和可载入体量。内建体量是直接在项目中创建体量，用于表示项目独特的体量形状，不能在其他项目中使用；可载入体量是利用"公制体量"样板文件创建新的体量族文件，可以载入不同的项目中重复使用。

在实际使用中，建议根据不同的设计场景选择合适的创建方式。如：要表达多个建筑之间的相对位置关系时，建议采用可载入体量来创建不同的个体建筑，再分别载入项目中；单体设计中需要创建独特的形状时可以采用内建体量，如图 7-3 所示。

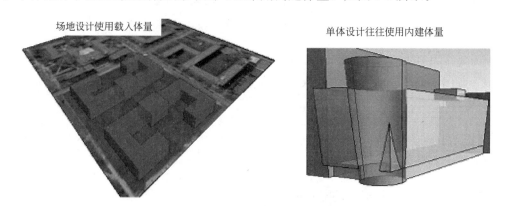

图 7-3　体量创建的方式

1. 内建体量的创建

下面以在项目文件中创建如图 7-4 所示的长方体为例，介绍内建体量的创建方式。

（1）进入体量创建界面

项目中单击【体量和场地】选项卡的【内建体量】工具按钮，在弹出的对话框中输入体量的名称，如图 7-5 所示。单击【确定】按钮，进入内建体量的在位编辑界面。

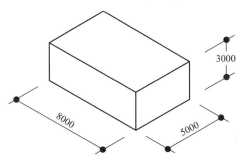

图 7-4　长方体

图 7-5　进入在位编辑

【提示】"概念体量"面板上另外两个工具按钮其作用为：

【显示体量】：在项目的所有视图中显示或隐藏体量；

【放置体量】：将已创建好的体量族载入到项目中。

（2）绘制形状轮廓

使用【绘制】面板上的矩形工具创建 5000×8000 的草图，如图 7-6 所示。

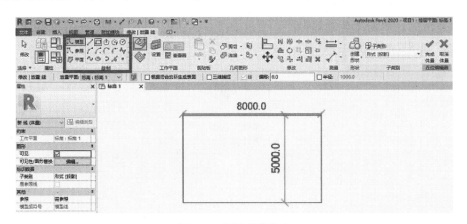

图 7-6　绘制形状轮廓

（3）创建形状

为方便观察，建议进入"三维"视图，选择绘制好的 5000×8000 矩形，展开【修改｜线】上下文选项卡，单击【形状】面板【创建形状】下拉列表框中的【实心形状】按钮，如图 7-7 所示，自动拉伸出长方体。

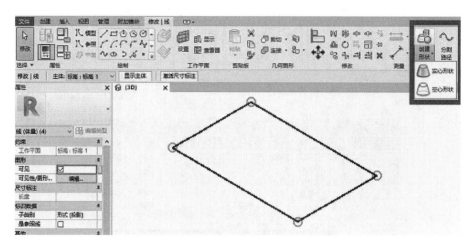

图 7-7　创建形状

在临时标注中，修改长方体的高度为"3000"，如图 7-8 所示。

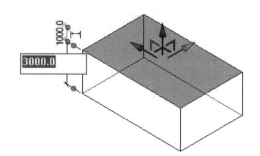

图 7-8　修改拉伸高度

（4）完成创建，退出内建体量界面

创建完成后，单击【在位编辑器】面板中【√】完成体量创建，或者单击【×】取消体量创建，如图 7-9 所示。

图 7-9　退出在位编辑

2. 可载入体量

要创建单独的概念体量族，单击【文件】按钮，打开资源管理应用程序选择"新建→

概念体量",如图 7-10 所示。在弹出的文件框中打开"公制体量.rft"样板文件,则进入可载入体量族的创建界面,和内建体量的创建界面是相同的,这里不再做详细介绍。

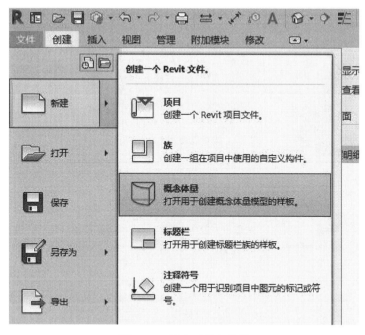

图 7-10　新建可载入体量

7.2　创建体量形状

7.2.1　创建体量形状的基本方法

　　体量的基本形状工具可以分为五种:拉伸、旋转、放样、融合、放样融合。

　　创建体量形状时,软件根据草图形态自动判断生成结果,不提供相应的工具面板,其创建逻辑方式见表 7-1,在绘制时尤其要注意。

体量形状的创建方式　　　　　　　　　　　　　　　　　　　表 7-1

基本形状	示例	草图形态	创建方式	数字资源
拉伸			选择单一截面的开放或闭合轮廓,自动创建拉伸面或拉伸体量	数字资源7-1

基本形状	示例	草图形态	创建方式	数字资源
旋转		注意：在选项栏上选择"根据闭合的环生成表面"，即可以使用未构成闭合环的线来创建旋转截面	同时选择同一工作平面上的线和二维形状，自动创建旋转体量	数字资源7-2
放样			同时选择作为路径的线和垂直于路径的闭合轮廓，自动创建放样体量	数字资源7-3
融合		工作平面2 轮廓2 工作平面1 轮廓1 注意：生成融合几何图形时，轮廓可以是开放的，也可以是闭合的	选择不同工作平面上的两个或者多个轮廓的形状，自动创建融合体量	数字资源7-4
放样融合		注意：与放样形状不同，放样融合无法沿着多段路径创建。但是轮廓可以是打开、闭合或是两者的组合	给定放样路径，沿路径放置两个或多个二维轮廓，同时选中路径和全部轮廓，自动创建放样融合体量	数字资源7-5

7.2.2　创建空心形状

Revit 的体量形状分为实心和空心两种，在要创建切割或中空形体时，可以用空心形状剪切实心形状。其创建方法和实心形状是一样的，而且这两种形状可以很灵活地进行切换。如图 7-11 所示，选中某个形状，对"属性"面板中的"实心/空心"进行选择，就可以进行实心和空心的形状切换。

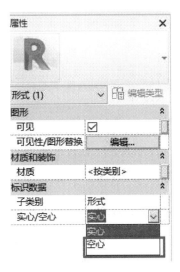

图 7-11 空心和实心的形状转换

7.2.3 形状创建的实例操作

如图 7-12 所示，根据形体的三视图，用体量族创建模型并以"电视塔"为文件名保存。

数字资源7-6(上)

数字资源7-6(下)

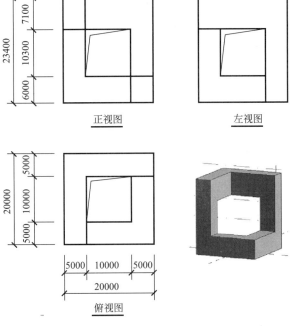

图 7-12 电视塔三视图

1. 创建标高

新建一体量族文件，切换至"南立面"视图。如图 7-13 所示，对应实例中的"正视图"在标高 1 基础上创建 6000、16300、23400 三个标高。

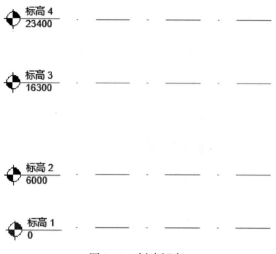

图 7-13 创建标高

2. 创建参照平面

切换至"标高 1"视图，单击【创建】选项卡上的【平面】按钮，如图 7-14 所示，绘制参照平面。

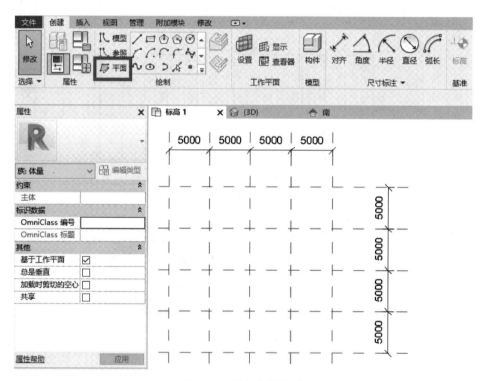

图 7-14 创建参照平面

3. 拉伸实心长方体

切换到"三维"视图，单击【创建】选项卡上的【模型】按钮，根据参照平面绘制 20000×20000 的正方形轮廓草图。选中草图，点击【创建形状】中的【实心形状】按钮，完成拉伸高度为 23400 的长方体，如图 7-15 所示。

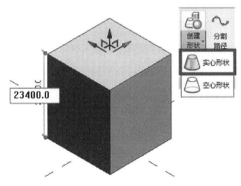

图 7-15　拉伸实心长方体

4. 挖掉长方体的右前上角

单击导航盘的"上"进入俯视图，在上表面绘制要挖去空心形状的矩形轮廓草图。点击【在面上绘制】按钮，在长方体的上表面根据参照线调用【模型线】工具绘制轮廓草图，如图 7-16 所示。

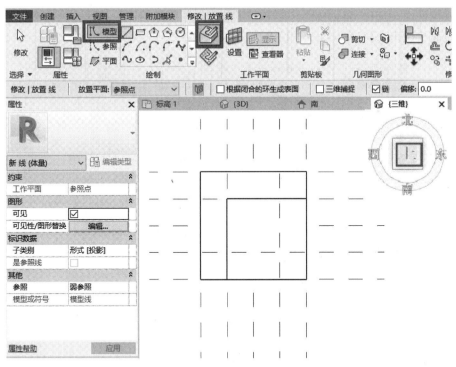

图 7-16　在上表面绘制矩形轮廓

┌───┐

【提示】【在面上绘制】工具可以方便地选择已有的表面作为绘制的工作平面，将光标移动到所需的表面上，当表面高亮显示时则可以直接在该面上绘制。

└───┘

单击创建形状中的【空心形状】按钮，生成空心形状。单击导航盘的东南方向，拖拽操纵控件，使底面拉伸至 6000 的标高参照线（可自动捕捉参照平面），则可完成创建，如图 7-17 所示。

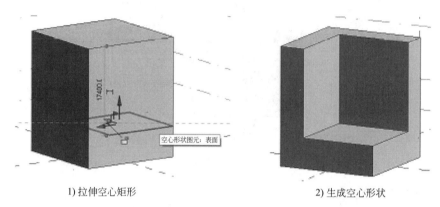

1) 拉伸空心矩形　　　　　　　　　　　　2) 生成空心形状

图 7-17　挖去右前上角的长方体

5. 挖掉长方体的左后下角

单击导航盘的"下"进入仰视图，选取长方体的下表面，单击【矩形】按钮，在工具条上的放置平面，选择"标高 1"，再单击【在工作平面上绘制】按钮，根据参照线在长方体的下表面绘制矩形轮廓，如图 7-18 所示。

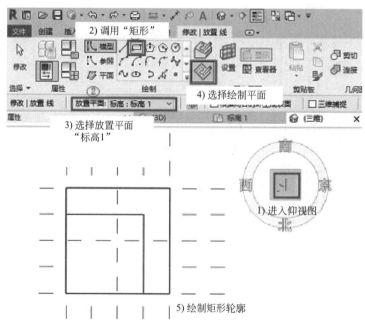

图 7-18　在下表面绘制矩形轮廓

单击创建形状中的【空心形状】按钮，生成空心矩形。然后单击导航盘的东南方向，拖拽操纵控件，使顶面拉伸至 16300 的标高参照线（可自动捕捉参照平面），如图 7-19 所示。

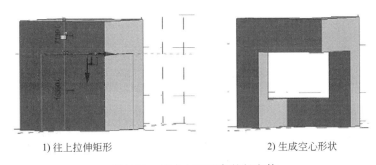

1) 往上拉伸矩形　　　　　　　2) 生成空心形状

图 7-19　挖去左后下角的长方体

6. 完成体量

创建完成后保存体量模型命名为"电视塔",如图 7-20 所示。

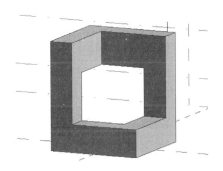

图 7-20　完成模型

7.2.4　编辑体量形状

数字资源7-7

　　形状创建完成后,还可以对其进行编辑修改得到新的形状。在编辑时,要留意原始形状的创建方式。同样的形状,其创建过程和创建方式不同,可使用的编辑工具和方法也是不同的。

　　例如,可以通过编辑"电视塔"体量模型的 1、2 两个角点,获得新的体量形状,如图 7-21 所示。

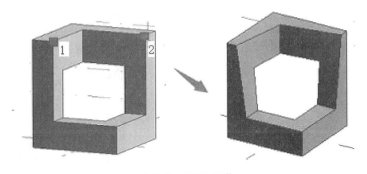

图 7-21　新电视塔

　　将光标移动到点 1 的位置点击出现三维控件,将角点 1 拖拽至中点位置,如图 7-22 所示。

| 1) 光标靠近点1 | 2) 点击出现三维控件 | 3) 拖拽对应的坐标控件 |

图 7-22　利用三维控件拖拽角点位置

重复操作，修改角点 2 的位置即可得到新的电视塔形状。通过上面的简单操作，可以体会到形状编辑的方便性和灵活性。

7.3　体量在项目中的应用

在工程实际应用中，往往用体量来分析、推敲建筑造型，方案确定后再转换成具体的建筑构造形体。下面以"双子大厦"项目来介绍体量在工程设计中的具体应用。

7.3.1　创建"双子大厦"体量模型

如图 7-23 所示，是双子大厦方案设计图，请用体量创建模型，并将模型以"双子大厦"为文件名保存。

数字资源7-8(上)

数字资源7-8(下)

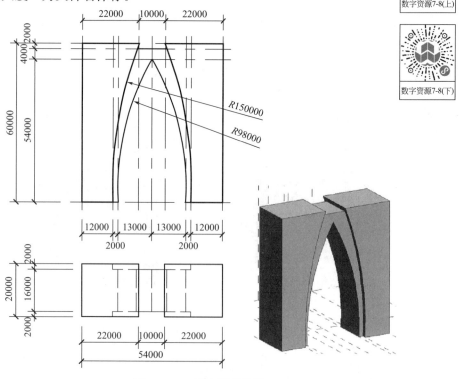

图 7-23　双子大厦形体图

1. 创建标高和参照平面

新建一体量族文件，切换至立面"南"视图创建标高和参照平面，如图 7-24 所示。

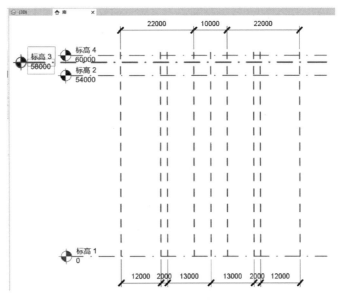

图 7-24　绘制标高和参照线

2. 创建左右对称形状

根据方案形体图，可以将双子大厦分解为由左、中、右三个基本形状组成，其中左、右形状是对称的。用模型线绘制左侧形状的草图，如图 7-25 所示。

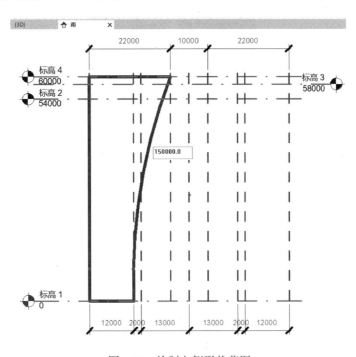

图 7-25　绘制左侧形状草图

切换至"3D"视图，选中全部轮廓线创建实心形状，调整拉伸的深度为 20000，如图 7-26 所示。

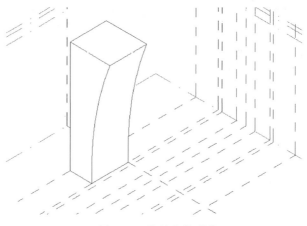

图 7-26　拉伸实体形状

选择实体形状，以"中心左/右"参照面为对称轴，镜像到另一侧，完成对称形状的创建，如图 7-27 所示。

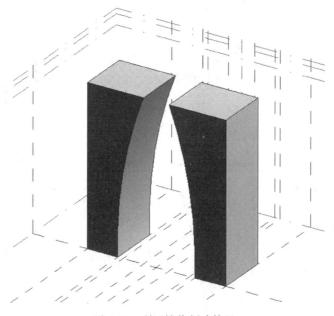

图 7-27　利用镜像创建体量

3. 创建中间体量

切换至南立面，继续创建形状，用模型线绘制中间形体的轮廓图形，创建实心形状，如图 7-28 所示。

调整中间体量模型的前后拉伸面，完成体量模型的创建，如图 7-29 所示。创建完成后保存体量文件，命名为"双子大厦"。

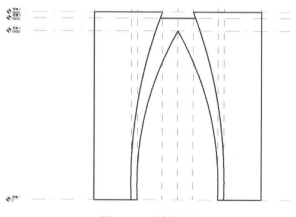

图 7-28 绘制图形

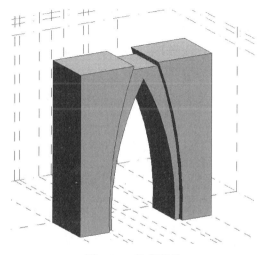

图 7-29 完成模型

7.3.2 利用体量创建建筑模型

在方案设计中，体量作为推敲建筑形体的工具，当进入后期施工图设计时，还可以利用体量模型创建建筑模型，下面同样以"双子大厦"项目为例，介绍利用体量创建建筑模型的操作。

根据项目要求，双子大厦总高 60m，层高 4m，共 15 层，基本构造做法见表 7-2。

项目基本构造要求   表 7-2

		类型	厚度（mm）	适用部位
楼板		现浇钢筋混凝土	225	所有楼层包括首层地面
面墙		常规-225 砌体	225	中间形体外墙
幕墙	幕墙系统	1500mm×3000mm		左右对称形体外墙
	边界竖梃	50mm×150mm		
屋顶		常规屋顶	400	所有屋顶部位

1. 放置体量

新建一个项目文件，点击【体量和场地】展开选项卡，如图 7-30 所示，"概念体量"面板是对体量的显示控制、创建和放置；在"面模型"面板上则归集了利用体量创建建筑构件的工具。

数字资源7-9

图 7-30 "体量"工具

点击【放置体量】按钮，在项目任意位置放置"双子大厦"体量模型。

2. 创建标高

切换至"南"视图，按项目要求创建标高，如图 7-31 所示。

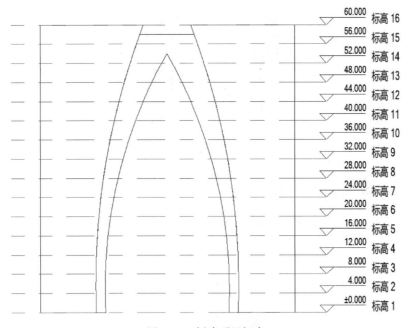

图 7-31 创建项目标高

3. 创建项目楼板

（1）创建体量楼层

选择"双子大厦"体量，展开【修改｜体量】上下文选项卡，单击【体量楼层】按钮，如图 7-32 所示，在弹出的"体量楼层"对话框中选择标高 1 到标高 15，单击【确定】按钮完成体量楼层的创建。

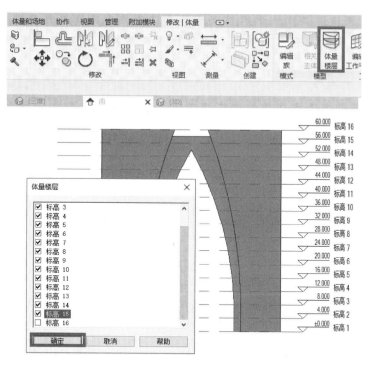

图 7-32　创建体量楼层

切换到"3D"视图观察体量，可以看到在标高面上创建了体量楼层，如图 7-33 所示，体量楼层只是分隔空间的平面，没有厚度也没有材质构造，但是可以利用它创建真正的建筑楼板。

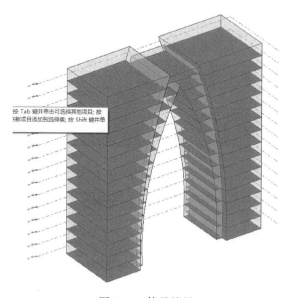

图 7-33　体量楼层

（2）创建楼板

单击【体量和场地】选项卡的【楼板】按钮，展开【修改｜放置面楼板】选项卡，打开

【选择多个】按钮开关，如图 7-34 所示，选择所有体量楼层，并在"类型选择器"中选择楼板的类型为"现场浇筑混凝土 225mm"，点击【创建楼板】工具按钮，完成建筑楼板的创建。

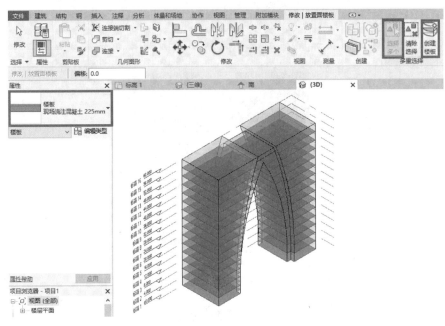

图 7-34　创建建筑楼板

建筑楼板是根据体量楼层定义创建的构件，是独立于体量外的，如图 7-35 所示，如果将体量移动到旁边，可以更好地观察生成的楼板构件。

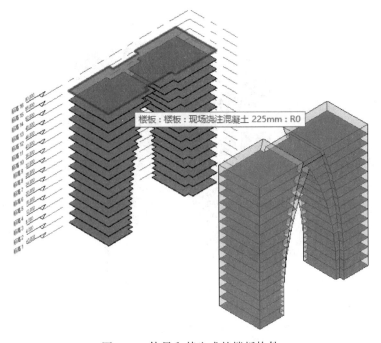

图 7-35　体量和其生成的楼板构件

4. 创建项目外墙

体量的面墙可以创建异形墙体，例如弧形墙体、斜墙等。其创建方法与楼板的创建方法相似。在【体量和场地】选项卡中单击【墙】按钮，展开【修改│放置墙】上下文选项卡，在"类型选择器"中选择"常规 225mm 砌体"的墙体类型，光标拾取到需要创建面墙的体量表面并单击，即可完成墙体创建。如图 7-36 所示，依据中间形体的外表面生成面墙。

数字资源7-10

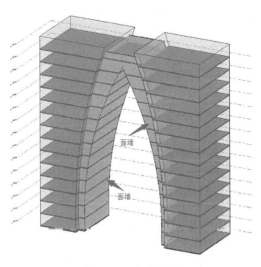

图 7-36　生成面墙

可以采用隐藏图元的方式将"双子大厦"体量隐藏，观察生成的墙体和楼板，如图 7-37所示。

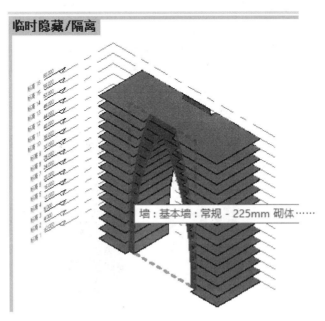

图 7-37　楼板和面墙

5. 创建项目幕墙

在【体量和场地】选项卡中单击"幕墙系统"按钮，展开【修改｜放置面幕墙系统】上下文选项卡，在"类型选择器"中设置幕墙系统为"1500×3000mm"，点击【编辑类型】按钮打开"类型属性"对话框，如图 7-38 所示，将边界竖梃设置为"矩形竖梃：50×150mm"。

数字资源7-11

图 7-38 设置幕墙的竖梃类型

打开【选择多个】开关按钮，拾取需要创建幕墙系统的体量表面，然后单击【创建系统】按钮，完成创建，如图 7-39 所示。

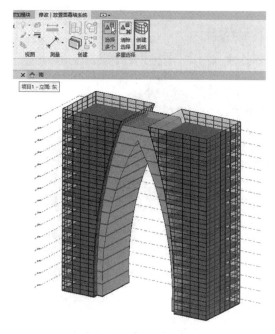

图 7-39 生成幕墙系统

【提示】在创建幕墙系统时，选择的体量面积越大，创建的过程也越慢。

6. 创建项目屋顶

面屋顶工具可基于体量形状快速创建屋顶或玻璃斜窗，提供更便捷的屋顶造型方案。在【体量和场地】选项卡中单击【屋顶】，展开【修改│放置面屋顶】上下文选项卡，在"类型选择器"中选择基本屋顶"常规400mm"的屋顶类型，光标拾取到体量顶部，单击【创建屋顶】按钮，完成屋顶的创建，如图7-40所示。

数字资源7-12

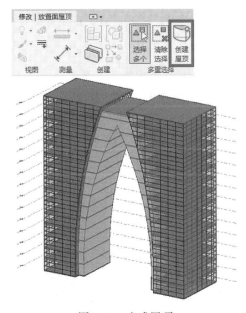

图 7-40　生成屋顶

建筑模型完成后，可关闭【体量和场地】选项卡中【显示体量】开关按钮，一键关闭体量在所有视图中的显示，如图7-41所示，是根据体量模型创建的双子大厦建筑模型。

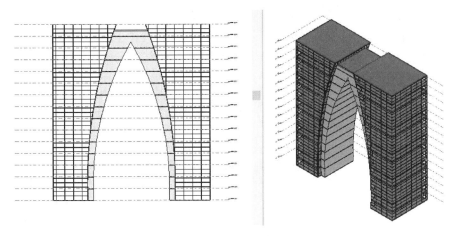

图 7-41　完成面模型

7.3.3　体量分析

载入项目中的体量可以自动计算体积面积等参数。选中体量，在属性栏中可以看到体量的总表面积、总体积、总楼层面积，如图 7-42 所示。单击【体量楼层】右侧的【编辑】按钮可对体量楼层进行重新定义。

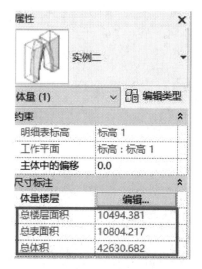

图 7-42　查看体量参数

Revit 中提供体量的明细表工具，可对体量楼层、墙体、分区、洞口、天窗等构件创建明细清单。在【视图】选项卡的【创建】面板中选择【明细表】，在弹出的"新建明细表"对话框中，展开体量选项选择"体量楼层"，如图 7-43 所示。

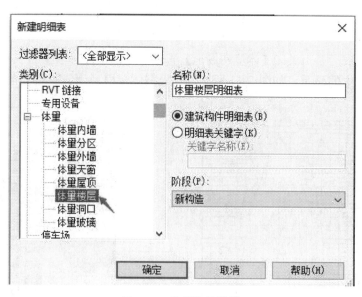

图 7-43　选择体量楼层

添加适当的明细表字段，生成明细表，如图 7-44 所示。

<体量楼层明细表>				
A	**B**	**C**	**D**	**E**
标高	外表面积	楼层体积	楼层周长	楼层面积
标高 1	542.86	2164.44	136000	544.00
标高 2	542.19	2157.69	135509	539.25
标高 3	544.29	2175.16	135672	540.59
标高 4	549.29	2217.08	136489	548.01
标高 5	557.17	2283.59	137965	561.55
标高 6	567.99	2375.01	140106	581.28
标高 7	581.85	2491.90	142924	607.30
标高 8	598.76	2634.64	146435	639.72
标高 9	618.88	2804.09	150657	678.71
标高 10	642.35	3001.14	155614	724.48
标高 11	669.35	3226.96	161337	777.29
标高 12	700.06	3482.82	167862	837.43
标高 13	734.76	3770.44	175233	905.30
标高 14	694.66	4054.22	183506	981.33
标高 15	1715.77	3791.50	156000	1028.13

图 7-44　体量楼层明细表

【单元总结】

概念体量是 Revit 中非常重要的功能。利用概念体量工具，可以在项目概念设计阶段推敲建筑形态。结合体量分析工具，可以在不生产建筑设计模型的情况下得到概念设计中楼层面积等设计信息，以便帮助建筑师进一步修改方案。

利用概念体量，可以灵活创建自由形态的曲面模型，利用面模型工具，可以方便地将概念体量模型直接转换生成建筑设计模型。完成从概念设计到方案设计的过渡。Revit 还可以自动关联概念体量模型和面模型，可随时使用"面的更新"工具，重新生成面模型。

【思考及练习】

1. 根据图 7-45 给定的数据创建体量模型，请将模型以"东方明珠"为文件名保存（提示：通过标高、参照平面或参照线确定模型定位）。

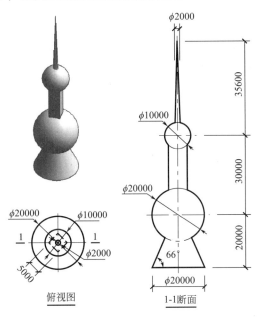

图 7-45　习题 1

2.根据图 7-46 给定数值创建体量模型，并生成幕墙、楼板和屋顶，其中幕墙网格尺寸为 1500mm×3000mm，屋顶厚度为 125mm，楼板厚度为 150mm，请将模型以"建筑形体"为文件名保存。

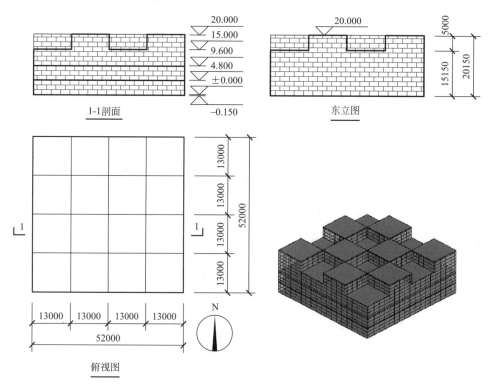

图 7-46 习题 2

【本单元参考文献】

［1］郭进保.中文版 Revit2016 建筑模型设计［M］.北京：清华大学出版社，2016.

［2］BIM 工程技术人员专业技能培训用书编委会.BIM 技术概论［M］.北京：中国建筑工业出版社，2016.